Army Operations Field Manual

군사영어로 배우는 작전

김정필

박영사

|서 문|

초급장교 시절 영어에 대한 상당한 자신감을 가지고 미8군 예하 여단 작전처에서 근무한 적이 있었다. 어느 날 미군 여단장이 주재하는 전투협조회의에 참석했는데, 그의 영어는 간결하면서도 논리적이어서 당시 나의 영어실력으로 쉽게 알아들을 수 있어야 했었다. 그러나 회의가 끝난 후 나는 내게 부여된 임무를 정확하게 이해하지 못했다.

당시 초급장교였던 나는 미군의 군사작전 개념과 내용에 대한 이해가 부족했고, 군사용어에 익숙하지 않아 그 회의에서 영어로 듣고 토의할 충분한 실력을 갖추지 못했다. 이 두 가지가 바로 내게 부여된 임무를 정확하게 이해하지 못했던 이유였다. 지금 이 순간에도 당시의 나와 비슷한 처지에 놓여 있는 많은 사람들이 있을 것이다. 또한 군사적 식견은 상당한 수준에 도달해 있으면서도 군사영어능력이 부족해서 자신의 실력을 충분히 발휘하지 못하고 있는 사람들도 있으리라 생각한다.

이 책은 연합·합동작전에 관한 전문지식을 제공하고, 고급수준의 군사영어능력을 향상시키기 위한 학습교재 용도로 집필되었다. 이를 위해 연합·합동작전의 핵심 교리를 한·영해설로 알기 쉽게 설명하고, 본문에 나오는 주요 군사용어에 대한 개념과 의미를 이해하기 쉽게 정리하였다.

부족하지만 미 중부사령부 등에서 수차례에 걸친 해외파병근무와 한미연합사 등에서 미군들과 근무한 오랜 실무경험과 육군사관학교 등 여러 대학에서의 군사영어 강의 및 30년간의 군 생활 경험을 바탕으로 나름의 정성을 담았다. 이 책은 연합·합동작전 분야에서 근무하고 있는 군 간부와 미래 군의 주역이 되고자 꿈을 키우고 있는 군사학 전공자 및 간부 후보생과 국위선양을 위해 해외에 파병될 장병 등에게 유용하게 활용될 수 있을 것이다. 모쪼록 이 졸저가 대한민국의 안보 역량을 튼튼히

하는데 한 알의 밀알이 될 수 있다면 이 보다 더한 보람은 없을 것이다.

이 책이 출판되기까지 많은 분들의 도움이 있었다. 독자층이 그리 두텁지 않음에도 흔쾌히 출판을 결심해 주신 박영사 대표님과 출판 전 과정에서 정성을 다해 애써 주신 편집자를 비롯한 모든 분들에게 깊이 감사드린다.

2020년 7월

저자

| 차 례 |

1장

2장

┃그림차례┃

통합활동과 원칙
(Unified Action and Fundamentals)

육·해·공군이 독자적으로 싸우는 시대는 영원히 지났다. 만약 우리가 다시 전쟁에 개입되어야 한다면 우리는 통합된 하나의 단일체로서 육해공군이 함께 싸워야할 것이다. 이를 위해서는 평시 준비되고 조직적인활동이 부합되어야만 한다.

　　　― 1958년 4월3일 국방개혁에 관한 아이젠하워
　　　　　　　　　　대통령의 의회연설 중에서

The levels of war are doctrinal perspectives that clarify the links between strategic objectives and tactical actions. Although there are no finite limits or boundaries between them, the three levels are strategic, operational and tactical. Understanding the interdependent relationship of all three helps commanders visualize a logical flow of operations, allocate resources, and assign tasks. Actions within the three levels are not associated with a particular command level, unit size, equipment type, or force or component type. Instead, actions are defined as strategic, operational, or tactical based on their effect or contribution to achieving strategic, operational, or tactical objectives. (See Figure 1-1)

level of war 전쟁의 수준, strategic objective 전략적 목표, tactical action 전술적 행동, strategic, operational and tactical 전략적, 작전적, 전술적, allocate resource 자원을 할당하다, assign task 과업을 부여하다, command level 부대수준, unit size 부대규모, equipment type 장비유형, component type 구성군 유형

교리적 관점에서 전쟁의 수준은 전략적 목표와 전술적 행동 간의 연계성을 명확하게 밝혀준다. 비록 전쟁의 수준 사이에 분명한 한계나 경계는 없지만, 이는 전략적, 작전적, 전술적 세 가지 수준으로 구분된다. 이들 세 수준의 상호의존적인 관계를 이해함으로써 지휘관은 작전의 논리적 흐름을 구상하고, 자원을 할당하며, 과업을 부여하는 데 도움을 받을 수 있다. 전쟁의 전략적, 작전적, 전술적 수준 내에서 행동은 부대수준, 부대규모, 장비유형 또는 부대유형 또는 구성군 유형과 특별한 관계는 없다. 대신 이는 전략적, 작전적, 전술적 목표를 달성하는 효과 혹은 기여도에 따라 전략적, 작전적, 전술적 활동으로 정의된다. (그림 1-1 참조)

| 그림 1-1 | 전쟁의 수준

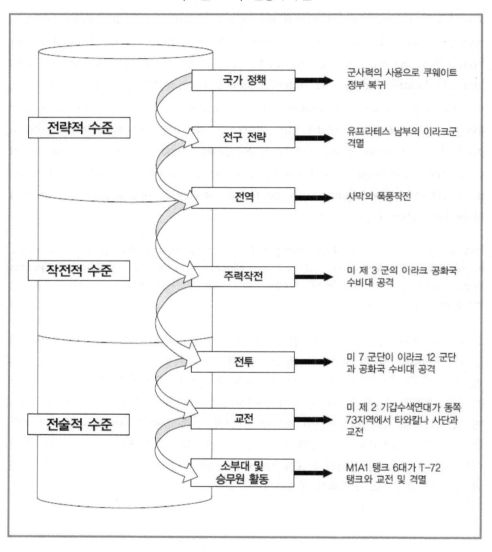

1 전략적 수준

The strategic level is that level at which a nation, often as one of a group of nations, determines national and multinational security objectives and guidance and develops and uses national resources to accomplish them. Strategy is the art and science of developing and employing armed forces and other instruments of national power in a synchronized fashion to secure national or multinational objectives. The National Command Authorities (NCA) translate policy into national strategic military objectives. These national strategic objectives facilitate theater strategic planning. Military strategy, derived from policy, is the basis for all operations.

multinational security objective 다국적안보목표, strategy 전략, art and science 술(術)과 과학, armed force 군대, national power 국력, synchronized 동시통합된, National Command Authorities(NCA) 국가통수기구, facilitate 용이하게 하다 theater strategic planning 전구전략기획, military strategy 군사전략, policy 정책 derived from ~에서 비롯된

전략적 수준에서 종종 국제사회의 일원으로서 한 국가는 국가안보목표와 다국적안보목표 및 지침을 결정하고, 이를 달성하기 위해 국가자원을 개발하고 사용한다. 전략이란 국가목표 또는 다국적목표를 달성하기 위해 군대와 여타 국력수단을 동시통합된 형태로 전개하고 운용하는 술과 과학이다. 국가통수기구는 정책을 국가 군사전략목표를 통해 구현한다. 이 국가전략목표는 전구전략기획을 용이하게 한다. 정책으로부터 도출된 군사전략은 모든 작전에 근간이 된다.

2 작전적 수준

The operational level of war is the level at which campaigns and major operations are conducted and sustained to accomplish strategic objectives within theaters or areas of operations (AOs). It links the tactical employment of forces to strategic objectives. The focus at this level is on operational art - the use of military forces to achieve strategic goals through the design, organization, integration, and conduct of theater strategies, campaigns, major operations, and battle.

campaign 전역, major operations 주력작전, strategic objective 전략적 목표, theater 전구, area of operations(AO) 작전지역, tactical employment of force 전술적 부대 운용, operational art 작전술, strategic goal 전략적 목적, theater strategy 전구전략, battle 전투

작전적 수준에서 전역과 주력작전은 전구 혹은 작전지역 내에서 전략적 목적을 달성하기 위해 실시되고 유지된다. 작전적 수준은 전술적 부대 운용을 전략목표에 연계시킨다. 작전적 수준은 전구전략, 전역, 주력작전, 전투를 계획하고, 조직하고, 통합하고 실시함으로써 전략적 목적을 달성하기 위해 군사력을 사용하는 작전술에 주안점을 둔다.

A campaign is a related series of military operations aimed at accomplishing a strategic or operational objective within a given time and space. A major operation is a series of tactical actions (battles, engagements, strikes) conducted by various combat forces of a single or several services, coordinated in time and place, to accomplish operational, and sometimes strategic objectives in an operational area. These actions are conducted simultaneously or sequentially under a common plan and are controlled by a single commander.

military operations 군사작전, tactical action 전술행동, battle 전투, engagement 교전, strike 타격, combat force 전투부대, service 군(육·해·공군), common plan 공통계획, single commander 단일 지휘관

전역은 주어진 시간과 공간에서 전략 또는 작전목표를 달성하고자 수행되는 일련의 연계된 군사작전이다. 주력작전은 작전지역에서 작전적 목표, 때로는 전략적 목표를 달성하기 위해 단일 또는 수 개의 다양한 타군 전투부대들에 의해 시·공간적으로 협조되어 실시되는 일련의 전술적 행동(전투, 교전, 타격)이다. 이 전술적 행동은 공통계획 하에 동시에 혹은 순차적으로 실시되고, 단일 지휘관에 의해 통제된다.

Operational art determines when, where, and for what purpose major forces are employed to influence the enemy disposition before combat. It governs the deployment of those forces, their commitment to or withdrawal from battle, and the arrangement of battles and major operations to achieve operational and strategic objectives.

enemy disposition 적 배치, commitment 투입, withdrawal 철수, arrangement of battle and major operations 전투와 주력작전의 조정

전투를 실시하기 전에 적 배치에 영향을 미치기 위해 주력부대가 언제, 어디서, 어떤 목적으로 운용될 것인가는 작전술에서 결정된다. 작전적 목표와 전략적 목표를 달성하기 위해 주력부대의 전개, 주력부대의 전투 투입 혹은 전투에서의 철수, 전투 및 주력작전의 조정 여부는 작전술에서 통제된다.

1-1 철수(withdrawal)

전개된 부대의 일부 혹은 전부를 타 지역에 배치하고자 할 때 적으로부터 이탈하는 작전으로서 강요에 의한 철수(withdrawal under enemy pressure)와 자발적인 철수(withdrawal without enemy pressure)로 구분된다. 강요에 의한 철수는 적의 압력을 받아 실시하는 철수작전으로서 소부대에 의한 지연전(delaying action)을 수행하면서 후방으로 이동하게 되며, 자발적인 철수는 적의 압력을 받지 않은 상태에서 자의적으로 실시하는 철수작전으로서 유리한 지형에 부대를 재배치하거나 전선조정 등 장차작전을 위해 실시한다.

Without tactical success, a campaign cannot achieve its operational goals. An essential element of operational art, therefore, is the ability to recognize what is possible at the tactical level and design a plan that maximizes chances for the success in battles and engagements that ultimately produces the desired operational end state. Without a coherent operational design to link tactical successes, battles and engagements waste precious resources on fights that do not lead to operational goals. A thorough understanding of what is possible tactically, and the ability to create conditions that increase the chances of tactical success, are important attributes of an operational commander.

tactical success 전술적 성공, campaign 전역, operational goal 작전 목적, operational art 작전술, tactical level 전술적 수준, battle 전투, engagement 교전, end state 최종상태, operational design 작전계획, operational commander 작전술제대 지휘관

전술적 성공 없이 전역에서 작전 목적을 달성할 수 없다. 그러므로 작전술의 중요한 요소는 전술적 수준에서 가능한 것이 무엇인지를 인식하는 능력과, 궁극적으로 요망되는 작전의 최종상태에 이르도록 전투와 교전을 통해 성공의 기회를 최대화하는 계획수립 능력이다. 전술적 성공과 연계된 일관성 있는 작전적 수준의 계획 없이는 작전 목적을 달성하지 못한 채 전투와 교전에서 귀중한 자원만 낭비하게 된다. 작전술 제대 지휘관의 중요한 특성은 전술적으로 가능한 것에 대한 철저한 이해와 전술적 성공의 기회를 증대시키는 여건조성 능력이다.

> **1-2 최종상태(end state)**
> 지휘관이 '작전수행의 최종결과가 어떤 모습으로 나타났으면 좋겠다.'라고 바라는 상태로서 적과 아군부대, 지형 등을 포함하여 제시함.
> 최종상태 명시 예문: "금번 작전이 종료된 후에는 지대내의 적은 격멸되어야 하며 차후 작전을 위한 아군의 전투력이 보존되어야한다."

Tactical commanders must understand the operational context within which battles and engagements are fought as well. This understanding allows them to seize opportunities (both foreseen and unforeseen) that contribute to achieving operational goals or defeating enemy initiatives that threaten those goals. Operational commanders require experience at both the operational and tactical levels. From this experience, they gain the instincts and intuition, as well as the knowledge, that underlie an understanding of the interrelation of tactical and operational possibilities and needs.

tactical commander 전술제대 지휘관, **operational context** 작전술의 맥락, **operational goal** 작전 목적, **defeat enemy initiative** 적 주도권을 박탈하다, **instinct** 본능, **intuition** 직관

전술제대 지휘관은 작전술의 맥락을 반드시 이해해야 하는데, 이는 전투와 교전 역시 작전술 내에서 치러지는 것이기 때문이다. 이를 이해하면 전술제대 지휘관은 작전목적 달성하거나 그 작전 목적달성을 위협하는 적의 주도권을 박탈하는데 기여할 (보이는 것과 보이지 않는) 기회를 포착할 수 있다. 작전술제대 지휘관은 작전적, 전술적 양쪽 수준에서 경험이 필요하다. 이런 경험을 통해 작전술제대 지휘관은 전술적, 작전적 가능성과 요구에 대한 상호관계를 이해하는데 기초가 되는 지식뿐만 아니라 본능과 직관을 습득한다.

1-3 전투(combat)
작전을 성공적으로 이루기 위한 작전행동의 한 수단, 전술적 목표를 달성하기 위하여 실시되는 통상 군단급 이하 제대의 협조된 활동.

1-4 교전(engagement)
적과의 접촉상태에서 공격행동을 취하는 전투행위 그 자체, 최소한 어느 한쪽에 의해 야기되는 적대행위의 발생상태.

1-5 타격(strike)
결정 및 탐지된 표적을 지휘관의 작전의도 및 개념에 따라 가용 화력지원 수단을 이용하여 표적을 공격하는 것.

3 전술적 수준

Tactics is the employment of units in combat. It includes the ordered arrangement and maneuver of units in relation to each other, the terrain, and the enemy to translate potential combat power into victorious battles and engagements. A battle consists of a set of related engagements that last longer and involve larger forces than an engagement. Battles can affect the course of a campaign or major operation. An engagement is a small tactical conflict between opposing maneuver forces, usually conducted at brigade level and below. Engagements are usually short—minutes, hours, or a day.

tactics 전술, employment of unit 부대 운용, combat 전투, arrangement 배치, maneuver 기동, terrain 지형, combat power 전투력, engagement 교전, campaign 전역, major operation 주력작전, opposing maneuver force 적대적인 기동부대, brigade level 여단급

전술이란 전투에서 부대를 운용하는 것이다. 전술은 잠재 전투력을 성공적인 전투와 교전으로 구현하기 위해 지형과 적을 고려하여 부대를 질서정연하게 배치하고 기동시키는 것이다. 전투는 교전보다 더 오래 그리고 더 큰 부대에 의해 수행되는 일련의 연속적 교전이다. 전투는 전역이나 주력작전의 과정에 영향을 미칠 수 있다. 교전은 적대적인 기동부대 간의 소규모 전술적 충돌이며 통상 여단급 이하에서 수행된다. 교전은 대개 몇 분, 몇 시간 또는 하루 정도의 단기간에 일어난다.

Tactics is also the realm of close combat, where friendly forces are in immediate contact and use direct and indirect fires to defeat or destroy enemy forces and to seize or retain ground. Exposure to close combat separates Army forces from most of their counterparts. Army forces fight until the purpose of the operation is accomplished. Because of this, they are organized to endure losses, provided with combat service support (CSS) to generate and sustain combat power, and trained to deal with uncertainty.

close combat 근접전투, friendly force 우군, direct and indirect fire 직접·간접화력, defeat or destroy 격퇴 혹은 격멸하다, seize or retain ground 지역을 탈취 혹은 확보하다, purpose of the operation 작전의 목적, loss 손실, combat service support(CSS) 전투근무지원

전술은 또한 아군이 적과 직접적인 접촉을 하고, 적 부대를 격퇴 혹은 격멸하고 지형을 탈취 혹은 확보하기 위해 직·간접 화력을 사용하는 근접전투의 영역이다. 근접전투를 수행한다는 점에서 육군은 타군과 구별된다. 육군은 작전목적이 달성될 때까지 전투를 실시한다. 이 때문에 육군은 손실을 견뎌낼 수 있도록 편성되고, 전투력을 창출하고 유지하기 위한 전투근무지원이 제공되고, 불확실성을 다루도록 훈련된다.

1-6 근접전투(close combat)

소화기(small arms) 사정거리 내에서 이루어지는 전투, 소화기, 총검, 도수 및 기타의 휴대무기를 사용하여 적과 가까운 거리에서 전투하는 것. 백병전(hand to hand fight)도 수행된다.

1-7 전투지원(combat support)

전투부대에 제공되는 화력지원과 작전지원을 말하며, 야전포병, 방공포병, 항공(공중수색 및 전투헬기 제외), 공병, 헌병, 통신 및 전자전을 포함한다.

1-8 전투근무지원(combat service support)

전술 및 전략에 포함되지 않는 군사면의 제반 지원, 즉 행정 및 군수분야 활동으로서 전투, 전투지원, 전투근무지원 부대에 대하여 임무수행에 필요한 모든 자원, 즉 인원, 장비, 물자, 시설, 자금을 통제 관리하고 제반근무를 제공하는 것. 이는 군수, 인사, 행정근무, 군종, 경리, 법무, 입원 및 후송, 보충, 민사지원, 기타 분야 등이 포함한다.

The operational-level headquarters sets the terms of battle and provides resources for tactical operations. Tactical success is measured by the contribution of an action to the achievement of operationally significant results. Battles and engagements that do not contribute to the campaign objectives, directly or indirectly, are avoided.

operational-level headquarters 작전제대 본부, tactical operations 전술작전, tactical success 전술적 승리, battle and engagement 전투와 교전, campaign objective 전역목표

작전제대 본부는 전투의 조건을 설정하고 전술작전에 필요한 자원을 제공한다. 전술적 성공은 작전적으로 중요한 결과를 달성했는가에 대한 기여도로 판가름 난다. 직접 또는 간접적으로 전역 목표에 기여하지 않는 전투와 교전은 피해야 한다.

2 전쟁의 원칙
The Principles of War

The nine principles of war provide general guidance for conducting war and military operations other than war at the strategic, operational, and tactical levels. The principles are the enduring bedrock of Army doctrine. The Army published its original principles of war after World War I. In the following years, the Army adjusted the original principles, but overall they have stood the tests of analysis, experimentation, and practice.

principles of war 전쟁원칙, **guidance** 지침, **operations conduct** 수행하다, **military operations other than war(MOOTW)** 전쟁이외의 작전, **bedrock** 기반, **world war I** 제1차 세계대전, **Army doctrine** 육군 교리

9가지 전쟁원칙은 전략적, 작전적, 전술적 수준에서 전쟁 및 전쟁 이외의 군사작전을 수행하는데 있어서 일반적인 지침을 제공한다. 전쟁의 원칙은 영속적인 육군교리의 근간이다. 육군은 제1차 세계대전 후 최초의 전쟁원칙을 공표하였다. 수년에 걸쳐 육군은 최초의 전쟁원칙을 수정했으나, 이는 전반적으로 분석, 실험, 적용 시험을 거쳤다.

1 목표의 원칙

Direct every military operation toward a clearly defined, decisive, and attainable objective.
모든 군사작전을 명확하고 결정적이며 달성 가능한 목표에 지향하라.

At the operational and tactical levels, objective means ensuring all actions contribute to the goals of the higher headquarters. The principle of objective drives all military activity. When undertaking any mission, commanders should have a clear understanding of the expected outcome and its impact. At the strategic level, this means having a clear vision of the theater end state. This normally includes aspects of the political dimension. Commanders need to appreciate political ends and understand how the military conditions they achieve contribute to them.

military operation 군사작전, operational and tactical level 작전적·전술적 수준, objective 목표, goal of the higher headquarters 상급사령부의 목적, principle of objective 목표의 원칙, mission 임무, expected outcome 예상되는 결과, strategic level 전략적 수준, theater end state 전구 최종상태, political ends 정치적 목적

작전적·전술적 수준에서 목표는 상급사령부의 목적에 확실하게 기여하는 제반 행동을 의미한다. 목표의 원칙은 제반 군사활동에 동력을 제공한다. 임무를 수행할 때 지휘관은 예상되는 결과와 그 영향에 대해 분명히 이해해야 한다. 전략적 수준에서 이는 전구의 최종상태에 대한 분명한 비전을 가지고 있음을 뜻한다. 이는 대개 정치적 차원의 양상을 포함한다. 지휘관은 정치적 목적을 이해하고, 자신이 수행하는 군사적 조건이 어떻게 그 정치적 목적에 기여하는지를 이해해야 한다.

> **1-9 전구(theater)**
> 단일의 군사전략목표(military strategic objective) 달성을 위해 지상, 해상, 공중작전이 실시되는 지리적 지역.

2 공세의 원칙

Seize, retain, and exploit the initiative.
주도권을 장악하고 유지하고 이용하라.

Offensive action is key to achieving decisive results. It is the essence of successful operations. Offensive actions are those taken to dictate the nature, scope, and tempo of an operation. They force the enemy to react. Commanders use offensive actions to impose their will on an enemy, adversary, or situation. Offensive operations are essential to maintain the freedom of action necessary for success, exploit vulnerabilities, and react to rapidly changing situations and unexpected developments.

offensive action 공세행동, successful operations 성공적인 작전, tempo of an operation 작전속도, commander 지휘관, adversary 적(상대방), situation 상황, offensive operations 공격작전, freedom of action 행동의 자유, exploit vulnerability 취약성을 이용하다, freedom of action 행동의 자유, exploit vulnerability 취약성을 이용하다, changing situation 상황변화, unexpected development 예기치 않은 상황전개

공세행동은 결정적인 성과를 달성하는데 필수적이다. 그것은 성공적인 작전의 요체이다. 공세행동은 작전의 속성과 범위와 속도를 통제하기 위해 취해지는 행동이다. 공세행동은 (아군의 행동에) 적이 대응하도록 강요한다. 지휘관은 적과 상대방 또는 상황에 자신의 의지를 강요하기 위해 공세적으로 행동해야 한다. 공격작전은 행동의 자유를 유지하고, 적의 취약점을 이용하며, 변화하는 상황과 예기치 못한 상황전개에 신속하게 대응하기 위해 필수적이다.

1-10 주도권(initiative)

적극적인 행동으로 적을 불리한 위치를 유도함으로써 아군의 의지대로 전투공간(battlespace)을 지배할 수 있는 능력을 말하며, 주도권 확보 및 유지를 위해 전장상황을 실시간 파악 및 지휘로 과감한 선제, 신속한 공격, 기민한 속도에 의해 적의 기선을 제압하고, 적의 중심(center of gravity)과 핵심표적을 조기에 식별하여 타격 또는 무력화하며 적의 약점 및 취약점에 대해 기습(surprise), 기동(maneuver), 집중(mass)하고 계획은 집권화 하되 실시는 분권화 하며, 공격(attack)시는 초전에 조성된 충격을 적에게 계속 강요하고, 방어(defense)시에는 신속한 공격으로 전환하여야 한다.

3 집중의 원칙

Concentrate the effects of combat power at the decisive place and time.
결정적인 장소와 시간에 전투력의 효과를 집중하라.

Commanders mass the effects of combat power to overwhelm enemies or gain control of the situation. They mass combat power in time and space to achieve both destructive and constructive results. Massing in time applies the elements of combat power against multiple targets simultaneously. Massing in space concentrates the effects of different elements of combat power against a single target. Both dominate the situation; commanders select the method that best fits the circumstances. To an increasing degree, joint and Army operations mass the full effects of combat power in both time and space, rather than one or the other. Such effects overwhelm the entire enemy defensive system before he can react effectively.

commander 지휘관, combat power 전투력, overwhelm enemy 적을 압도하다, control of the situation 상황통제, elements of combat power 전투력 발휘요소, joint and Army operations 합동 및 지상 작전, enemy defensive system 적 방어체계

지휘관은 적을 압도하거나 상황을 통제하기 위해 전투력의 효과를 집중해야 한다. 지휘관은 파괴적이고 건설적인 결과를 달성하기 위해 시·공간에서 전투력을 집중해야 한다. 시간에서의 집중은 다수의 표적에 대해 동시에 서론 다른 전투력 발휘요소를 적용하는 것이다. 공간에서의 집중은 하나의 표적에 서로 다른 전투력 발휘요소의 효과를 집중하는 것이다. 시·공간에서의 집중은 상황 장악을 가능케 한다. 또 지휘관은 상황에 가장 적합한 방법을 선택해야 한다. 가능한 한 합동 및 지상작전은 시간과 공간 둘 중 하나라기 보다 양쪽에서 최대의 전투력 효과를 집중해야 한다. 그와 같은 효과는 적이 효과적으로 대응하기 전에 적의 전반적인 방어체계를 압도하게 한다.

4 병력절약의 원칙

Allocate minimum essential combat power to secondary efforts.
부차적인 노력에 최소한의 필수적인 전투력을 할당하라.

Economy of force is the reciprocal of mass. It requires accepting prudent risk in selected areas to achieve superiority—overwhelming effects—in the decisive operation. Economy of force involves the discriminating employment and distribution of forces. Commanders never leave any element without a purpose. When the time comes to execute, all elements should have tasks to perform.

economy of force 병력절약, mass 집중, superiority 우세, decisive operation 결정적작전, employment and distribution of force 병력의 운용과 할당, element 부대, tasks 과업

병력절약은 집중과 상반되는 것이다. 병력절약은 결정적작전에서 우세(압도적 효과)를 달성하기 위해 선정된 지역에서 신중한 위험 감수를 요구한다. 병력절약은 차별적인 병력운용 및 할당과 관련이 있다. 지휘관은 결코 아무 목적 없이 부대를 내버려 두어서는 안 된다. (작전 혹은 임무를) 실행할 때가 오면 모든 부대는 수행할 과업을 가지고 있어야 한다.

1-11 집중(mass)

결정적인 목적을 위해서 중요한 장소와 시간에 전투력(combat power)의 상대적 우세(relative superiority)를 유지하는 것.

5 기동의 원칙

Place the enemy in a disadvantageous position through the flexible application of combat power.

융통성 있는 전투력을 사용하여 불리한 위치로 적을 배치하라.

As both an element of combat power and a principle of war, maneuver concentrates and disperses combat power to place and keep the enemy at a disadvantage. It achieves results that would otherwise be more costly. Effective maneuver keeps enemies off balance by making them confront new problems and new dangers faster than they can deal with them. Army forces gain and preserve freedom of action, reduce vulnerability, and exploit success through maneuver. Maneuver is more than just fire and movement. It includes the dynamic, flexible application of leadership, firepower, information, and protection as well. It requires flexibility in thought, plans, and operations and the skillful application of mass, surprise, and economy of force.

element of combat power 전투력 발휘요소, principle of war 전쟁원칙, maneuver 기동, combat power 전투력, maneuver 기동, combat power 전투력, freedom of action 행동의 자유, vulnerability 취약점, exploit success 성공을 확대하다(전과를 확대하다), fire 화력, movement 이동, leadership 지휘통솔, firepower 화력, information 정보, protection 방호, flexibility in thought, plans, and operations 사고, 계획 및 작전의 융통성, mass, surprise, and economy of force 집중, 기습 및 병력절약

전투력 발휘요소이면서 전쟁원칙 중 하나인 기동은 적을 불리한 위치에 놓아두기 위해 전투력을 집중하고 분산한다. 그렇지 않으면 기동은 더 값비싼 대가를 치러야 하는 결과를 초래한다. 효과적인 기동은 대처하기에는 너무 늦을 정도로 적을 새로운 문제와 위험에 직면하게 만들어 적의 균형을 깨어 버린다. 육군은 기동을 통해 행동의 자유를 획득하고 유지하며, 취약점을 감소시키고, 전과를 확대한다. 기동은 화력과 이동만을

뜻하지 않는다. 기동은 지휘통솔과 화력과 정보와 방호에 역동적이고 융통성 있게 적용되어야 한다. 기동은 사고, 계획, 작전(시행)의 융통성과 집중, 기습, 병력절약에 대한 숙련된 적용을 요구한다.

6 지휘통일의 원칙

For every objective, ensure unity of effort under one responsible commander.
목표달성을 위해 책임 있는 단일 지휘관 아래에서 노력의 통일을 보장하라.

Developing the full combat power of a force requires unity of command. Unity of command means that a single commander directs and coordinates the actions of all forces toward a common objective. Cooperation may produce coordination, but giving a single commander the required authority unifies action.

unity of command 지휘의 통일, **direct** 지도하다, **coordinate** 협조하다, **cooperation** 협동, **coordination** 협조, **unity of action** 행동을 통합하다

한 부대의 완전한 전투력을 전개하기 위해서 지휘의 통일이 요구된다. 지휘통일은 단일 지휘관이 공통의 목표를 향해 모든 부대활동을 지시하고 협조하는 것을 뜻한다. 협동이 협조를 만들어낼 있지만, 단일 지휘관에게 필요한 권한을 부여함으로써 작전이 통합된다.

1-12 협동(cooperation)
　　어떤 특정한 공통목적을 달성하기 위하여 지휘관계가 없는 둘 이상의 부대가 상호 협력 하는 것을 말함.

1-13 협조(coordination)
　　상황의 변화에 따라 최선의 결과를 획득하기 위하여 계획된 행동의 시간 및 장소에 있어서 상호관계를 원활하게 하는 작전상의 제도. 효과적이고도 경제적인 방법으로 임무를 조화 있고 예정대로 집행하기 위하여 통합된 노력을 가하는 기능.

7 경계의 원칙

Never permit the enemy to acquire an unexpected advantage.
적이 예기치 않은 이점을 얻도록 결코 허용하지 마라.

Security protects and preserves combat power. It does not involve excessive caution. Calculated risk is inherent in conflict. Security results from measures taken by a command to protect itself from surprise, interference, sabotage, annoyance, and threat ISR. Military deception greatly enhances security. The threat of asymmetric action requires emphasis on security, even in low-threat environments.

combat power of a force 부대의 전투력, **unity of command** 지휘의 통일, **single commander** 단일 지휘관, **direct** 지시하다, **coordinate** 협조하다, **actions of all forces** 모든 부대의 활동, **common objective** 공동의 목표, **cooperation** 협동, **coordination** 협조, **unify action** 작전을 통합하다, **security** 경계, **preserve combat power** 전투력을 보존하다, **conflict** 분쟁, **measures** 대책, **command** 부대 혹은 사령부, **surprise, interference, sabotage, annoyance** 기습, 방해, 파괴, 훼방, **ISR(intelligence, surveillance and reconnaissance)** 정보, 감시, 정찰, **deception** 기만, **threat of asymmetric action** 비대칭 작전의 위협, **low-threat environment** 위협이 낮은 환경

경계는 전투력을 보호하고 보존하는 것이다. 경계는 과도한 주의를 의미하는 것은 아니다. 분쟁에 있어서 계산된 위험은 반드시 있게 마련이다. 경계는 기습, 방해, 파괴, 훼방 및 적의 정보·감시·정찰로부터 부대를 보호하기 위해 취해지는 조치이다. 군사적 기만으로 경계는 상당히 향상된다. 비대칭 작전의 위협이 낮은 환경에서조차도 경계는 강조되어야 한다.

1-14 기만(deception)
상대방의 상황인식에 영향을 줌으로써 상대방이 어떤 행동을 하거나 또는 하지 못하게 하는 것으로서, 조작(manipulation), 왜곡(distortion), 징후의 변조(falsification of evidence)를 통하여 상대방에게 해로운 방향으로 반응토록 유도함으로써 상대방이 판단을 잘못하도록 고안된 수단. 군에서는 군사기만(military deception)을 사용함. 양동 (demonstration) 및 양공(feint)이 대표적인 기만작전(deception operations)이다.

1-15 양동(demonstration)

적을 기만할 목적으로 아군이 결정적인 작전을 기도하고 있지 않은 지역에서 실시하는 무력시위(show of force)로서 양공과 비슷하나 적과 접촉하지 않는 것이 다름.

1-16 양공(feint)

적을 기만하기 위하여 실시되는 제한된 목표(limited objective)에 대한 공격작전으로 적의 관심을 주공지역(area of main effort)으로부터 전환하기 위한 조공작전 (operations of supporting effort)임. 적이 상황을 오판하도록 유도함으로써 적 예비대(enemy reserve)의 부적절한 운용, 지원화력(supporting fire)의 전환, 방어사격의 노출 등과 같은 행동을 유발시켜 아군이 원하는 방향으로 반응할 수 있도록 하여야 하며, 양공지역 결정 시는 적의 관심지역(area of interest), 주공으로부터 충분히 이격된 지역 등을 고려하여 결정을 하여야 함.

1-17 비대칭 작전(asymmetric operations)

전략환경, 군사과학기술 발전, 전쟁수행방법 변화 등을 고려, 현재 또는 미래의 잠재적 군사위협에 대해 전력의 규모, 전투능력 및 무기체계 면에서 적보다 상대적으로 유리하게 대응할 수 있는 수단을 보유하여 적의 취약한 부분에 대해 전혀 다른 방법으로 공격하거나 능력을 과시하여 적이 효과적으로 대응하지 못하도록 부동성과 우월성을 원칙으로 하는 작전. 부동성은 적은 보유하고 있지 않거나 개발하지 못한 무기체계를 운용하여 적보다 양적·질적인 면에서 상대방을 압도할 수 있는 능력을 보유함으로써 주도적으로 대응하는 것을 말한다.

8 기습의 원칙

Strike the enemy at a time or place or in a manner for which he is unprepared.
예기치 않은 시간 혹은 장소 또는 방법으로 적을 타격 하라.

Surprise is the reciprocal of security. Surprise results from taking actions for which an enemy or adversary is unprepared. It is a powerful but temporary combat multiplier. It is not essential to take the adversary or enemy completely unaware; it is only necessary that he become aware too late to react effectively. Factors contributing to surprise include speed, information superiority, and asymmetry.

surprise 기습, security 경계, take action 행동을 취하다, enemy 적, adversary 적대세력, combat multiplier 전투 승수, speed 속도, information superiority 정보우위, asymmetry 비대칭

기습은 경계와 상반되는 것이다. 기습은 적 또는 상대방이 행동할 준비가 되어 있지 않을 때 일어난다. 기습은 강한 전투 승수이지만 일시적이다. 적 혹은 상대방이 완전히 알아차리지 못하도록 만드는 것은 중요하지 않다. 너무 늦어서 효과적으로 대처할 수 없다는 것을 적이 알아차릴 정도면 된다. 기습에 기여하는 요소는 속도, 정보우위, 비대칭성 등이다.

9 간명의 원칙

Prepare clear, uncomplicated plans and clear, concise orders to ensure thorough understanding.
완전히 이해할 수 있는 명확하고 단순한 계획과 명쾌하고 간결한 명령을 준비하라.

Plans and orders should be simple and direct. Simple plans and clear, concise orders reduce misunderstanding and confusion. The factors of METT-TC determine the degree of simplicity required. Simple plans executed on time are better than detailed plans executed late. Commanders at all levels weigh the apparent benefits of a complex concept of operations against the risk that subordinates will not be able to understand or follow it.

plan 계획, order 명령, METT-TC (메트 티 씨) 전술적 고려 요소, degree of simplicity 간명성의 정도, execute 실행하다, commander 지휘관, concept of operations 작전개념, subordinate 예하부대 혹은 부하

계획과 명령은 단순하고 직선적이어야 한다. 단순한 계획과 명확하고 간결한 명령은 오해와 혼동을 감소시킨다. 요구되는 간명성의 정도는 전술적 고려 요소인 메트 티 씨로 결정된다. 제 시간에 맞춰 실행되는 단순한 계획이 때 늦게 실행되는 구체적인 계획보다 더 낫다. 모든 제대의 지휘관은 복잡한 작전개념의 명백한 이점에 대해서는 심사숙고해야 하는데, 이는 예하 부대가 이해할 수 없거나 따를 수 없을 것이라는 위험성 때문이다.

1-18 METT-TC (메트 티 씨) 전술적 고려 요소

부대운용에 영향을 미치는 전술적 고려 요소인 mission(임무), enemy(적), terrain and weather(지형 및 기상), troops available(가용 부대 및 지원), time available (가용시간), civil considerations(민간고려요소)을 뜻한다. 지휘관은 그의 전투력을 최대로 발휘하기 위하여 메트 티 씨 요소를 끊임없이 고려해야 한다.

1-19 작전계획과 작전명령의 차이점

작전계획(OPLAN : operation plan)은 작전명령(OPORD : operation order)과 두 가지 점에서 상이하다. 첫째는 1항의 "라"에 계획의 기초가 되는 가정(assumption) 이 추가되는 것이고, 두 번째는 계획이 그 효력을 발생하기 위한 시간요소의 진술 또는 시간에 대한 특정조건이 명시된다는 점이다. 작전계획은 발행부대의 사령부에 서 특정시간에 그 실시를 지시할 때 작전명령이 된다.

3 지휘관계
Command Relationships

At theater level, Army forces are assigned under a JFC. A JFC is a combatant commander, subunified commander, or joint task force (JTF) commander authorized to exercise COCOM or operational control (OPCON) over a joint force. Combatant commanders provide strategic direction and operational focus to forces by developing strategy, planning theater campaigns, organizing the theater, and establishing command relationships. JFCs plan, conduct, and support campaigns in the theater of war, subordinate theater campaigns, major operations, and battles. The four joint command relationships are COCOM, OPCON, tactical control (TACON), and support.

theater level 전구 수준, JFC(joint force commander) 합동군사령관, combatant commander 통합군사령관, subunified commander 예하 통합군 지휘관, joint task force(JTF) 합동특수임무부대, COCOM(combatant command) 작전지휘, operational control(OPCON) 작전통제, strategic direction 전략지시, operational focus 작전중점, strategy 전략, theater campaign 전구 전략, theater 전구, command relationship 지휘관계, theater of war 전쟁 전구, major operations 주력작전, battle 전투, tactical control(TACON) 전술통제, support 지원

전구수준에서 육군은 합동군사령관 아래에 예속된다. 합동군사령관은 합동군에 대해 작전지휘 또는 작전통제권을 행사하도록 권한이 부여된 통합군사령관, 예하 통합군사령관 혹은 합동특수임무부대 사령관이다. 통합군사령관은 전략을 발전시키고, 전구 전역을 계획하고, 전구를 편성하고 지휘관계를 설정하여줌으로써 예하부대에 전략지시와 작전중점을 제공한다. 합동군사령관은 전쟁 전구의 전역, 예하 전구의 전역, 주력작전, 전투 등을 계획하고 실시하며 지원한다. 네 가지 합동지휘관계에는 작전지휘, 작전통제, 전술통제, 지원이 있다.

Combatant Command(Command Authority). COCOM is a nontransferable command authority exercised only by combatant commanders unless the NCA direct otherwise. Combatant commanders exercise it over assigned forces. COCOM provides full authority to organize and employ commands and forces to accomplish missions. Combatant commanders exercise COCOM through subordinate commands, to include subunified commands, service component commands, functional component commands, and JTFs.

combatant command(command authority) 작전지휘(지휘권), COCOM(코우콤) 작전지휘, command authority 지휘권, combatant commander 통합군 사령관, NCA 국가통수기구, assigned force 예속부대, command and force 사령부 및 부대, mission 임무, subordinate command 예하 사령부, subunified command 예하 통합군 사령부, service component command 육·해공·군 구성군 사령부, functional component command 기능 구성군 사령부, JTFs 합동특수임무부대

작전지휘(지휘권). 작전지휘는 국가통수기구의 별다른 지시가 없는 한 통합군사령관에 의해서만 행사되는 이양될 수 없는 지휘권이다. 통합군사령관은 예속부대에 대해 작전지휘를 행사한다. 작전지휘는 임무를 달성하기 위해 사령부 및 부대를 편성하고 운용하는 전권을 제공한다. 통합군사령관은 예하 통합군 사령부, 육·해공·군 구성군 사령부, 기능 구성군 사령부, 합동특수임무부대를 포함한 예하 사령부를 통해 작전지휘를 행사한다.

Operational Control. OPCON is inherent in COCOM. It is the authority to perform those functions of command that involve organizing and employing commands and forces, assigning tasks, designating objectives, and giving authoritative direction necessary to accomplish the mission. OPCON may be exercised at any echelon at or below the level of the combatant command. It can be delegated or transferred. Army commanders use it routinely to task organize forces.

operational control 작전통제, OPCON(앞콘) 작전통제, COCOM 작전지휘, function of command 지휘기능, command and force 사령부와 부대, assigning task 과업 할당, designating objective 목표 지정, mission 임무, at any echelon 어떤 제대에서도, below the level of the combatant command 통합군사령부급 이하, task organize 전투편성하다

작전통제. 작전통제는 작전지휘에 그 뿌리를 두고 있다. 작전통제는 사령부 및 부대의 편성과 운용, 과업부여, 목표 지정, 임무달성에 필요한 권한지시 등의 지휘기능을 수행하는 권한이다. 작전통제는 통합군 사령부의 모든 제대 혹은 예하의 모든 제대에서 행사되어질 수 있다. 작전통제권한은 위임되거나 이양될 수 있다. 육군 지휘관은 일상적으로 부대의 전투편성을 위해 작전통제를 사용한다.

> **1-20 작전통제(operational control, OPCON)**
> 어떤 부대가 특정한 임무나 과업을 수행할 수 있도록 일시적인 지휘관계를 설정해 주는 것이다. 작전통제권을 보유하고 있는 부대는 작전통제를 받는 부대에게 임무를 부여하고 지시할 수 있으며, 필요시 예하부대에게 작전통제를 받는 부대를 재할당할 수 있다. 그러나 행정, 군수, 내부편성, 부대훈련 등에 대한 책임과 권한은 포함되지 않는다.

Tactical Control. TACON is authority normally limited to the detailed and specified local direction of movement and maneuver of forces to accomplish a task. It allows commanders below combatant command level to apply force and direct the tactical use of CSS assets but does not provide authority to change organizational structure or direct administrative or logistic support.

TACON(테이콘) 전술통제, **movement and maneuver** 이동과 기동, **CSS(combat service support)** 전투근무지원, **administrative or logistic support** 행정지원 혹은 군수지원

전술통제. 전술통제는 대개 과업을 달성하기 위해 부대의 이동과 기동에 대한 구체적이고 특정한 지엽적인 지시 등에 한정되는 권한이다. 전술통제는 통합군 사령부급 예하 지휘관들이 부대를 운용하고 전투근무지원 자산의 전술적 사용은 허용하지만, 조직구조(전투편성)를 변경하거나 행정지원 혹은 군수지원을 지시할 권한을 주지는 않는다.

> **1-21 전술통제(tactical control, TACON)**
> 동일 전투지대 내에서 작전을 실시하는 부대 간의 협조된 작전이 요구될 때 일시적인 지휘관계를 설정하는 것이다. 전술통제는 통상 초월작전(passage of lines)이나 연결작전(like-up operation)시 작전의 효율성을 증대시키고 혼란을 방지하기 위하여 적용한다. 전술통제부대는 작전에 필요한 이동로, 화력운용, 장애물 운용 등을 통제하며, 이때 피 통제부대에 의한 전투편성의 권한은 없다.

Support. Joint doctrine establishes support as a command authority. Commanders establish it between subordinate commanders when one organization must aid, protect, or sustain another. Under joint doctrine, there are four categories of support: general support, mutual support, direct support and close support. Army doctrine establishes four support relationships: direct, reinforcing, general, and general support reinforcing.

support 지원, joint doctrine 합동교리, command authority 지휘권한, subordinate commander 예하 지휘관, general support 일반지원, mutual support 상호지원, direct support and close support 직접지원 및 근접지원, Army doctrine 육군 교리, support relationship 지원관계, direct 직접지원, reinforcing 증원, general 일반지원, general support reinforcing 일반지원 및 증원

지원. 합동교리에 지원은 일종의 지휘 권한으로 규정되어 있다. (상급) 지휘관은 어떤 조직이 타 조직을 반드시 돕고, 보호하며 지원해야 할 때 예하 지휘관 간에 지원관계를 설정해 준다. 합동교리 아래에는 일반지원, 상호지원, 직접지원 및 근접지원 등 네 가지 범주의 지원이 있다. 육군 교리에는 직접지원, 증원, 일반지원, 일반지원, 일반지원 및 증원 등 네 종류의 지원이 규정되어 있다.

4 합동작전
Joint Operations

Joint operations involve forces of two or more services under a single commander. Land operations and joint operations are mutually enabling - and operations are inherently joint operations. Joint integration allows JFCs to attack an opponent throughout the depth of their AO, seize the initiative, maintain momentum, and exploit success.

joint operations 합동작전, single commander 단일 지휘관, land operations 지상작전, JFC(joint force commander) 합동군 지휘관, depth 종심, AO(area of operations) 작전지역, initiative 주도권, momentum 기세, exploit success 성공을 확대하다

합동작전에는 단일 지휘관 아래에 둘 혹은 그 이상의 군이 개입된다. 지상작전과 합동작전은 상호보완적인 관계에 있으며, 작전은 본질적으로 합동작전의 형태를 취한다. 합동 통합을 통하여 합동군사령관은 작전지역 종심 전반에 걸쳐 적을 공격하고, 주도권을 장악하고, 기세를 유지하며, 성공을 확대할 수 있다.

1-22 종심(depth)
공간, 시간 및 자원상의 작전범위를 말하며 효과적인 기동에 필요한 공간과 작전준비에 필요한 시간 획득에 절대 필요하며 공격 및 방어 시 탄력성은 종심에서 비롯되고 적의 행동제한과 융통성, 전투지속능력 감소를 위해서는 종심 전투(deep battle)를 시도해야 함.

1-23 작전지역(area of operations)
군사작전을 수행하기 위해 지휘관에게 권한과 책임이 부여된 지역으로, 통상 상급부대에서 해당부대의 감시 및 타격능력을 고려하여 부여한 작전계획 및 전투지경선 또는 전투진지(battle position, BP)에 의해서 한정된다. 작전지역은 적지종심 작전지역, 근접작전지역, 후방작전지역으로 구분된다.

1-24 관심지역(area of interest)
작전지역 밖의 현행 및 장차작전(current operations and future operations)에 영향을 미칠 수 있는 적 부대가 위치한 지역으로 첩보획득 및 정보활동의 범위를 한정하기 위해 설정한다.

JFCs often establish supported and supporting relationships among components. They may change these relationships between phases of the campaign or major operation or between tasks within phases. Each subordinate element of the joint force can support or be supported by other elements. For example, the Navy component commander or joint force maritime component commander (JFMCC) is normally the supported commander for sea control operations; the joint force air component commander (JFACC) is normally the supported commander for counterair operation. Army forces may be the supporting force during certain phases of the campaign and become the supported force in other phases. Inside JFC-assigned AOs, the land and naval force commanders are the supported commanders and synchronize maneuver, fires, and interdiction.

JFC(joint force commander) 합동군 지휘관, supported and supporting relationships 피지원 및 지원관계, component 구성군, campaign 전역, major operation 주력작전, task 과업, subordinate element 예하부대, joint force 합동군, Navy component commander 해군구성군 지휘관, joint force maritime component commander(JFMCC) 합동 해상구성군 지휘관, supported commander 피지원 지휘관, sea control operations 해상통제작전, joint force air component commander(JFACC) 합동 공군구성군 지휘관, counterair operations 대공작전, supporting force 지원부대, supported force 피지원 부대, supporting force 지원부대, JFC-assigned AO 합동군 지휘관에게 부여된 작전지역, maneuver 기동, fire 화력, interdiction 차단

합동군 지휘관은 종종 구성군 부대 간의 피지원 및 지원관계를 설정한다. 합동군 지휘관은 전역 단계나 주력작전 단계 중에 또는 이 단계의 과업을 수행하는 중에 이 관계를 전환할 수도 있다. 합동군의 각 예하부대는 다른 부대를 지원하거나 지원을 받을 수 있다. 예를 들어 해군구성군 지휘관 또는 합동 해상구성군 지휘관은 통상 해상통제작전에서 피지원부대 지휘관이 된다. 합동 공군구성군 지휘관은 통상 대공작전에서 피

지원 지휘관이 된다. 육군은 어떤 전역 단계에서는 지원부대가 될 수 있으며, 다른 단계에서는 피지원부대가 되기도 한다. 합동군 지휘관에게 부여된 작전지역 내에서 지상 및 해군 사령관은 피지원 지휘관이며 기동, 화력, 차단 등을 동시·통합한다.

1-26 차단(interdiction)

적이 어떤 지역 또는 통로를 사용하지 못하도록 제반수단을 이용하여 저지 또는 방해하는 것으로 주로 적의 보급지원을 방지하기 위하여 도로, 교량, 철도, 터널, 보급창고 등을 파괴하는 것을 말한다. 특히 포격 및 폭격 등에 의하여 적의 이동, 통신, 병참지원을 방해 또는 파괴하는 행위이다. 핵심은 적의 이동을 극히 곤란하게 하는 데 있다.

1-27 지원부대(supporting force)

타 부대와 같이 행동하며 그 부대를 지원 또는 보호하는 부대로서 피지원부대(supprted force)의 편제상 부대(organic force)가 아니며 피지원부대 지휘관의 명령에 의해 행동하지 않는 부대이다.

5 합동작전시 육군 운용
Employing Army Forces in Joint Operations

Army forces are the decisive component of land warfare in joint and multinational operations. The Army organizes, trains, and equips its forces to fight and win the nation's wars and achieve directed national objectives. Fighting and winning the nation's wars is the foundation of Army service.

Army force 육군, component 구성군, land warfare 지상전, joint operations 합동작전, multinational operations 다국적 작전, fight and win the nation's war 전쟁에서 싸워 이기다, national objective 국가목표, Army service 육군의 책무, enduring obligation 영원한 의무

육군은 합동 및 다국적 작전에서 지상전의 결정적인 구성군이다. 육군은 전쟁에서 승리하고, 지시된 국가목표를 달성하기 위해 부대를 편성하고, 훈련시키며, 장비를 편제한다. 전쟁에서 싸워 이기는 것이 육군의 기본 책무이다.

1-28 합동작전(joint operations)
육·해·공군 중 2개 군 이상이 상호협조체제에 의하거나 또는 단일 지휘관의 작전지휘나 작전통제 하에 실시하는 작전.

1-29 연합작전(combined operations)
단일 임무수행을 위해 공동행동을 취하는 2개 또는 그 이상의 연합국(동맹국) 군대에 의하여 실시되는 작전.

1-30 제병협동작전(combined arms operations)
상호 협동하는 육군의 2개 이상의 전투 및 전투지원부대의 협조된 작전.

1-31 다국적 작전(multinational operations)
동일한 목적을 가지고 두 개 이상의 국가들의 군부대들이 함께 연류된 작전.

1-32 구성군(component force)
육·해·공군 중 2개 군 이상이 합동군을 편성하여 합동작전을 수행할시 합동군 사령관의 작전지휘나 작전통제 하에 있는 각 군 부대의 전체를 지칭하는 것으로, 이는 각 군에서 제공된 모든 단위대, 파견대 및 각종시설 등을 포함한다.

Chapter 1 통합활동과 원칙 39

Army forces fight and win the nation's wars and they also deter them. The object of deterrence is the will of state and non-state political and military leaders. Deterrence establishes in the minds of potential adversaries that their actions will have unacceptable consequences. Today, potential adversaries rely on land-based military and paramilitary forces to retain power, coerce and control their populations, and extend influence beyond their borders. Army forces deter by threatening these means of power retention and population control with the ability to engage in decisive combat and seize and occupy adversary territory. Army forces also deter cross-border aggression through forward presence, forward deployment and prompt, flexible response.

deter 억제하다, **object of deterrence** 억제의 대상, **will** 의지, **deterrence** 억제, **potential adversary** 잠재적 적국, **land-based military** 지상군, **paramilitary force** 준 군사부대, **means** 수단, **engage** 교전하다, **decisive combat** 결정적 전투, **seize** 탈취하다, **occupy** 점령하다, **territory** 영토, **cross-border aggression** 국경선 침략, **forward presence** 전방주둔, **forward deployment** 전방전개, **prompt, flexible response** 신속하고 융통성 있는 대응

육군은 전쟁에서 싸워 이기고 또한 전쟁을 억제한다. 억제의 대상은 (적국) 국가 및 비 국가의 정치·군사 지도자의 의지이다. 억제란 잠재적 적국의 행동이 용인될 수 없는 결과를 초래할 것을 그들 마음에 심어놓는 것이다. 오늘날 잠재적 적국들은 정권을 유지하고, 주민들을 지배하고 통제하며, 국경을 초월한 영향력을 확대하기 위해 육군과 준 군사부대에 의존하고 있다. 육군은 결정적 전투 수행능력과 적의 영토를 탈취하고 점령할 수 있는 능력을 갖추고, 적국의 정권유지 및 주민통제 수단을 위협함으로써 전쟁을 억제한다.

1-33 준(準)군사부대(paramilitary force)
국가의 정규군과 같이 편성, 장비, 훈련 혹은 임무는 유사하나 정규군과는 별개의 부대나 집단을 말한다.

All armed forces - Army, Air Force, Navy, Marine Corps - and special operations forces (SOF) are required to provide globally responsive assets to support the national security strategy. The capabilities of the other armed forces complement those of Army forces. During joint operations, they provide support consistent with JFC-directed missions.

Army, Air force, Navy, Marine corps 육·해·공군 및 해병대, special operations forces(SOF) 특수작전부대, national security strategy 국가안보전략, joint operations 합동작전, JFC-directed mission 합동군 지휘관에 의해 지시된 임무

육·해·공 및 해병대와 특수작전부대는 국가안보전략을 지원하기 위해 범세계적으로 반응할 수 있는 자산을 제공해야 한다. 타군의 능력은 육군의 능력을 보완해준다. 합동작전 수행 간 타군은 합동군 지휘관 지시 임무에 부합하는 지원을 제공한다.

1 공군

Air Force air platform support is invaluable in creating the conditions for success before and during land operations. Support of the land force commander's concept for ground operations is an essential and integral part of each phase of the operation. Air Force strategic and intratheater airlift supports the movement of Army forces, especially initial-entry forces, into an AO. Air assets move Army forces between and within theaters to support JFC objectives. Fires from Air Force systems create the conditions for decisive land operations. In addition, the Air Force provides a variety of information - related functions - to include intelligence, surveillance, and reconnaissance - that support land operations.

platform 자산, land operations 지상작전, land force commander's concept 지상군 지휘관의 개념, ground operations 지상작전, intratheater airlift 전구내의 공중수송, initial-entry force 최초진입부대, AO(area of operations) 작전지역, air asset 공중자산, JFC objective 합동군지휘관 목표, decisive land operations 결정적 지상작전, intelligence 정보, surveillance 감시, reconnaissance 정찰

공군의 항공자산 지원은 지상작전 수행 전과 수행 중에 (작전) 성공을 위한 여건을 조성하는데 매우 귀중하다. 지상작전에서 지상군 지휘관의 작전개념 제공은 각 작전 단계에서 긴요하고 필수적인 부분이다. 공군의 전략적 수송과 전구 내의 공중수송은 육군부대의 이동, 특히 작전지역 내로 초기에 진입하는 부대의 이동을 지원한다. 공중자산은 합동군 지휘관의 목표를 지원하기 위해 전구 간 및 전구 지역 내에서 육군을 이동시킨다. 공군화력은 결정적인 지상작전을 위한 여건을 조성한다. 이외에도 공군은 정보, 감시, 정찰을 포함한 지상작전을 지원하는 다양한 정보관련 기능을 제공한다.

1-34 공중수송(airlift)

전술공군의 항공기에 의거 인원(personnel)이나 물자(materiel)를 이동하는 것. 모든 전술공수는 지상부대를 지원하는 임무에 따라 전투지원 공중수송(Combat support airlift)과 전투근무지원 공수(combat service support airlift)로 구분됨.

1-35 전술항공정찰/감시(tactical air reconnaissance and surveillance, TARS)

적의 기습(enemy surprise)을 방지하고 전장의 불확실성(uncertainty of battlefield)을 최소화할 목적으로 지·해상 감시 장치 및 유·무인 항공기(unmanned aerial vehicle, UAV) 우주 비행체를 이용하여 적의 의도(enemy intent)와 능력(capability)을 파악하고 필요한 정보를 제공하기 위해 수행하는 전술항공 정찰 및 감시.

2 해군과 해병대

The Navy and Marine Corps conduct operations in oceans and littoral (coastal) regions. The Navy's two basic functions are sea control operations and maritime power projection. Sea control connotes uninhibited use of designated sea areas and the associated airspace and underwater volume. It affords Army forces uninhibited transit to any trouble spot in the world.

Navy 해군, **Marine Corps** 해병대, **conduct operations** 작전을 수행하다, **sea control operations** 해양통제작전, **power projection** 세력투사, **airspace** 공역

해군과 해병대는 원·근해지역에서 작전을 수행한다. 해군의 두 가지 기본적인 기능은 해양통제작전과 해상세력투사이다. 해양통제란 지정된 해상지역과 그와 관련된 공역 및 해저지역의 무제한적인 사용을 의미한다. 해양통제를 통하여 육군은 세계 어느 분쟁지역으로도 무제한적 이동이 가능하다.

1-36 세력투사(power projection)

세계 어느 곳에나 신속한 경보전파, 동원, 전개 및 작전을 실시할 수 있는 능력으로 전투력투사(force projection)라는 용어와 함께 사용된다.

1-37 공역(airspace)

육상 또는 해면을 포함하는 지표상에 구역과 고도로 표시되는 공중영역으로 대개 각 공역의 성격과 특성에 따라 선행어가 달라지며 종류도 매우 다양하다.

1-38 공역통제(airspace control)

안전하고 효율적이며 융통성 있는 공역(airspace)사용의 제고로 작전효과를 증대하도록 전투지대에서 제공되는 업무로 지정된 공역통제권자가 자전효과의 극대화를 위하여 적절히 공역이용을 협조, 조정, 통합, 규제, 지시하는 제반활동을 말한다.

Maritime power projection covers a broad spectrum of offensive naval operations. Those most important to Army force operations include employment of carrier-based aircraft, lodgment by amphibious assault or maritime pre-positioned deployment, and naval bombardment with guns and missiles. Naval forces establish and protect the sea routes that form strategic lines of communications for land forces. The Navy provides strategic sealift vital for deploying Army forces. Army forces cannot conduct sustained land operations unless the Navy controls the sea. Additionally, naval forces augment theater aerospace assets and provide complementary amphibious entry capabilities.

power projection 세력 투사, offensive naval operations 공세적 해군작전, carrier-based aircraft 항공모함상의 항공기, lodgment 거점, amphibious assault 상륙강습, pre-positioned deployment 사전배치 전개, sea route 해로, strategic line of communication 전략적 병참선, land force 지상군, strategic sealift 전략적 해상수송, sustained land operations 지속적인 지상작전, theater aerospace asset 전구 항공자산, amphibious entry capability 상륙진입 능력

해상세력투사는 광범위한 공세적 해군작전을 지원한다. 육군의 작전에 가장 중요한 것은 항공모함상의 항공기 운용, 상륙강습에 의한 거점 확보, 해상사전배치 전개, 함포와 미사일을 통한 해군 폭격 등이다. 해군은 육군을 위한 전략 병참선을 형성하는 해로를 설정하고 보호한다. 해군은 육군을 전개시키기 위해 필수적인 전략적 해상수송을 제공한다. 해군이 바다를 통제하지 않는 한 육군이 지속적인 지상작전을 수행할 수 없다. 그 외에도 해군은 전구 항공자산을 증원할 뿐 아니라 보조적인 상륙진입능력을 제공한다.

1-39 상륙강습(amphibious assault)
적의 반격을 무릅쓰고 적지에서 작전을 수행하기 위해 해상으로부터 인접 육상지역에 군사력을 투입하는 것.

The Marine Corps, with its expeditionary character and potent forcible entry capabilities, complements the other services with its ability to react rapidly and seize bases suitable for force projection. The Marine Corps often provides powerful air and ground capabilities that complement or reinforce those of Army forces. When coordinated under a joint force land component commander (JFLCC), Army and Marine forces provide a highly flexible force capable of decisive land operations in any environment.

Marine Corps 해병대, **other service** 타 군, **force projection** 전투력 투사, **air and ground capability** 공중 및 지상능력, **joint force land component commander(JFLCC)** 합동지상구성군 지휘관, **decisive land operations** 결정적 지상작전

원정군으로서의 특성과 강력한 강제진입능력을 가진 해병대는 신속하게 반응하고 전투력 투사에 적합한 기지를 확보하는 능력을 발휘함으로써 타군을 보완한다. 해병대는 통상 강력한 공중 및 지상 능력을 제공하여 육군의 능력을 보완하고 증원한다. 육군과 해병대가 합동지상구성군 지휘관 아래서 협조가 이루어질 때, 어떤 환경에서도 결정적인 지상작전을 실시할 수 있는 고도의 융통성 있는 힘을 제공한다.

3 특수작전부대

SOF provide flexible, rapidly deployable capabilities that are useful across the range of military operations. SOF can reinforce, augment, and complement conventional forces. They can also conduct independent operations in situations that demand a small, discrete, highly trained force. SOF provide the NCA and combatant commanders with options that limit the risk of escalation that might otherwise accompany the commitment of larger conventional forces. In war, SOF normally support the theater campaign or major operations of the JFC. In military operations other than war (MOOTW), SOF support combatant commander theater engagement plans. Combatant commanders establish or designate operational command and support relationships for SOF based on mission requirements.

SOF 특수작전부대, range of military operations 군사작전의 범위, conventional force 재래식 부대, independent operations 독립작전, NCA 국가통수기구, combatant commander 통합군 사령관, theater campaign 전구 전역, major operations 주력작전, JFC 합동군 지휘관, military operations other than war(MOOTW) 전쟁이외의 군사작전 , engagement plan 교전계획, operational command 작전지휘, support relationship 지원관계, mission requirement 임무요구

특수작전부대는 융통성 있고 신속하게 전개할 수 있는 능력을 발휘하여 군사작전 전반에 걸쳐 유용하게 운용된다. 특수작전부대는 재래식 부대를 보강하고, 증원하며 보완할 수 있다. 특수작전부대는 소규모이고, 분산되고, 고도로 훈련된 부대가 요구되는 상황에서 독립작전을 실시할 수 있다. 특수작전부대는 국가통수기구와 통합군사령관에게 대규모의 재래식 병력의 투입을 동반하게 될지도 모를 확전의 위험을 제한하는 방안을 제공한다. 전쟁에서 특수작전부대는 대개 전구 전역 또는 합동군 지휘관의 주력작전을 지원한다. 전쟁 이외의 군사작전에서 특수작전부대는 통합군사령관의 전구 교전계획을 지원한다. 통합군사령관은 임무요구에 기초하여 특수작전부대의 작전지휘관계와 지원관계를 확립하거나 지정한다.

7

지상작전의 원칙
The Tenets of Army Operations

The tenets of Army operations - initiative, agility, depth, synchronization, and versatility–build on the principles of war. They further describe the characteristics of successful operations. These tenets are essential to victory– While they do not guarantee success, their absence risks failure.

initiative 주도권, agility 민첩성, depth 종심, synchronization 동시통합성, versatility 다재다능성, principle of war 전쟁의 원칙

주도권, 민첩성, 종심성, 동시통합성, 다재다능성 등 지상작전의 원칙은 전쟁의 원칙에 토대를 두고 있다. 나아가 지상작전의 원칙에는 성공적인 작전의 특징이 기술되어 있다. 지상작전의 원칙은 전승에 필수적이다 – 지상작전의 원칙이 성공을 보장하지 않는 반면, 이 원칙이 없으면 실패할 위험이 있다.

1 주도권

Initiative is setting or dictating the terms of action throughout the battle or operation. Initiative implies an offensive spirit in all operations. To set the terms of battle, commanders eliminate or reduce the number of enemy options. They compel the enemy to conform to friendly operational purposes and tempo, while retaining freedom of action. Army leaders anticipate events throughout the battlespace. Through effective command and control (C2), they enable their forces to act before and react faster than the enemy does.

initiative 주도권, operation 작전, offensive spirit 공격정신, operational purposes and tempo 작전목적과 속도, freedom of action 행동의 자유, battlespace 전투공간, command and control(C2) 지휘 및 통제

주도권은 전투 또는 작전 전반에 걸쳐 행동의 조건을 설정하거나 통제하는 것이다. 주도권은 모든 작전에서 공세적인 정신을 의미한다. 전투의 조건을 설정하기 위해 지휘관은 적의 방책 수를 제거하거나 줄여야 한다. 지휘관은 행동의 자유를 유지하는 반면, 적이 아군의 작전목적과 속도에 응하도록 강요해야 한다. 군 지도자는 전투공간 전반에 걸쳐 사태를 예측해야 한다. 지휘관은 효과적인 지휘통제로 아군 부대가 적보다 먼저 행동하고 더 빨리 대응할 수 있도록 해야 한다.

1-40 지휘통제(command and control)

임무수행(accomplishment of mission)을 위해 지휘관(commander)이 행사하는 권한(authority)과 지시(direction)로 인원(personnel), 장비(equipment), 통신(communication), 시설(installation) 및 절차(procedure)를 통하여 수행된다.

Initiative requires delegating decision making authority to the lowest practical level. Commanders give subordinates the greatest possible freedom to act. They encourage aggressive action within the commander's intent by issuing mission-type orders. Mission-type orders assign tasks to subordinates without specifying how to accomplish them. Such decentralization frees commanders to focus on the critical aspects of the overall operation.

decision making authority 의사결정권, **the lowest practical level** 최하 실무 제대, **subordinate** 예하부대(부하), **commander's intent** 지휘관 의도, **mission-type order** 임무형 명령, **assign task** 과업을 부여하다, **decentralization** 분권화, **critical aspects of the overall operation** 전반적인 작전의 주요양상

주도권을 확보하기 위해 최하 실무 제대로 의사결정 권한의 위임이 요구된다. 지휘관은 예하 부대에 가능한 최대한의 행동의 자유를 부여해야 한다. 지휘관은 임무형 명령을 하달하여 지휘관 의도 내에서 공세적인 행동을 유도해야 한다. 임무형 명령은 예하 부대에 과업달성을 위한 세부적인 방법은 언급하지 않고 과업만 부여한다. 그와 같은 분권화는 지휘관이 자유롭게 작전전반의 중요한 국면에 집중할 수 있게 한다.

1-41 명령(order)

서식, 구두 또는 신호 등의 통신수단을 이용하여 예하부대 또는 개인에게 상관의 계획 또는 결심사항 등을 지시하는 것으로 전투명령(combat order)과 행정명령(administrative order)이 있다. 전투명령은 준비명령(warning order), 작전명령(operation order, OPORD), 단편명령(fragmentary order, FRAGO)으로 구분된다.

1-42 단편명령(fragmentary order)

예하 부대에게 이미 발행된 명령의 내용을 변경하는 사항을 지시하는 명령으로서 이미 발행된 명령에 대한 적시적인 수정이 요구될 때 사용하며, 단편명령을 사용하는 목적은 명확성을 잃지 않는 범위 내에서 간결하고 적시적인 특정 지시사항을 하달하는데 있다.

1-43 작전명령(operational order)

작전을 수행하기 위해 임무와 작전수행 방법 및 협조사항 등을 예하 지휘관에게 지시하는 명령으로서 이러한 작전명령은 문서 혹은 구두로 하달된다. 작전명령 5개항(five items)은 situation(상황), mission(임무), execution(실시), service support(전투근무지원), command and signal(지휘 및 통신)이다.

1-44 준비명령(preliminary order)

차후 명령이나 행동에 대하여 사전에 예고하는 명령으로 지휘관이 예하 지휘관에게 절박한 조치에 관해 사전에 준비시키기 위해 하달한다.

1-45 임무형 명령(mission-type order)

상급사령부(higher headquarters)에서 예하부대(subordinate)에 완수하여야 할 전체적인 임무를 부여하는 명령으로, 수행하는 방법을 명시하지 않고 수행되어야 할 임무를 부대에 명령하는 것이다.

In the offense, initiative involves throwing the enemy off balance with powerful, unexpected strikes. It implies never allowing the enemy to recover from the initial shock of an attack. To do this, commanders mass the effects of combat power and execute with speed, audacity, and violence. They continually seek vulnerable spots and shift their decisive operation when opportunities occur. To retain the initiative, leaders press the fight tenaciously and aggressively. They accept risk and push soldiers and systems to their limits.

offense 공세, initiative 주도권, powerful, unexpected strike 예기치 않은 타격, initial shock of an attack 어떤 공격의 최초충격, commander 지휘관, mass the effects of combat power 전투력의 효과를 집중하다, speed 속도, audacity 대담성, violence 파괴력(맹렬함), vulnerable spot 취약점, decisive operation 결정적 작전, accept risk 위험을 감수하다

공격에서 주도권은 강력하고 예기치 않은 타격으로 적의 균형을 와해하는 것을 의미한다. 공격 시 주도권은 적이 어떤 공격의 최초 충격으로부터 회복하도록 허용하지 않는 것을 의미한다. 이를 위해 지휘관은 전투력의 효과를 집중하고 속도와 대담성 및 파괴력을 가지고 작전을 수행해야 한다. 지휘관은 부단하게 적의 취약점을 찾고 기회가 생길 때 결정적인 작전으로 전환해야 한다. 주도권을 유지하기 위해 군 지도자는 집요하면서도 공세적으로 전투를 압박해 나가야 한다. 지휘관은 위험을 감수하고 전투원들과 각종 시스템이 한계에 도달할 때까지 추진력 있게 밀고 나가야 한다.

In the defense, initiative implies quickly turning the tables on the attacker. It means taking aggressive action to collect information and force the attacker to reveal his intentions. Defenders aim to negate the attacker's initial advantages, gain freedom of action, and force the enemy to fight on the defender's terms. Once an enemy commits to a course of action, defending forces continue to seek offensive opportunities. They use maneuver and firepower to dictate the tempo of the fight and preempt enemy actions.

defense 방어, taking aggressive action 공세행동을 취하다, collect information 첩보를 수집하다, attacker 공자, attacker's initial advantage 공자의 초기 이점, freedom of action 행동의 자유, defender's terms 방자의 조건, enemy 적, course of action 방책, defending force 방어부대, maneuver 기동, firepower 화력, tempo of the fight 전투속도, preempt enemy action 적 행동을 사전에 제압하다

방어에서 주도권은 신속하게 공자를 역습하는 것을 의미한다. 방어 시 주도권은 첩보를 수집하고, 공자가 그 의도를 노출시키도록 공세행동을 취하는 것을 의미한다. 방자는 공자의 초기 이점을 거부하고, 행동의 자유를 확보하며, 적으로 하여금 방자의 조건 아래에서 싸우도록 강요한다. 일단 적이 어떤 방책을 취할 경우 방어부대는 계속 공세적 기회를 찾아야 한다. 방자는 전투의 속도와 적 행동을 사전에 제압하기 위하여 기동과 화력을 이용한다.

In stability operations, initiative establishes conditions conducive to political solutions and disrupts illegal activities. For instance, commanders may establish conditions in which belligerent factions can best achieve their interests by remaining peaceful. Other examples of exercising initiative include defusing complicated crises, recognizing and preempting inherent dangers before they occur, and resolving grievances before they ignite open hostilities.

stability operations 안정화작전, initiative 주도권, conducive to ~에 도움이 되는 belligerent 호전적인, faction 파벌, defuse 진정시키다, complicated crisis 복잡한 위기, grievance 불만, ignite 점화하다, open hostility 공개적인 적대행위

안정화작전에서 주도권은 정치적 해결책에 도움이 되는 여건을 조성하고 불법적인 활동을 분쇄하는 것이다. 예를 들면 지휘관은 호전적인 군벌들이 평화 상태를 유지함으로써 최대한의 이익을 얻도록 여건을 조성할 수 있다. 주도권 행사의 또 다른 예로 복잡한 위기상황을 해소하고, 위험이 발생하기 전에 고유의 위험을 인식하고 선제적으로 조치하며, 공개적인 적대행위로 발전되기 전에 문제의 불씨를 제거하는 것 등이다.

2 민첩성

Agility is the ability to move and adjust quickly and easily. It springs from trained and disciplined forces. Agility requires that subordinates act to achieve the commander's intent and fight through any obstacle to accomplish the mission.

agility 민첩성, trained and disciplined force 훈련되고 군기가 있는 부대, subordinate 예하부대(부하), commander's intent 지휘관 의도, fight through any obstacle 장애를 극복하고 싸우다, accomplish the mission 임무를 완수하다

민첩성은 신속하고 원활하게 이동하고 조정하는 능력이다. 민첩성은 훈련되고 군기가 서있는 부대로부터 나온다. 민첩성은 예하부대가 지휘관의 의도를 달성하고, 임무완수를 위해 어떠한 난관도 헤쳐 나가면서 싸우도록 행동할 것을 요구한다.

Operational agility stems from the capability to deploy and employ forces across the range of Army operations. Army forces and commanders shift among offensive, defensive, stability, and support operations as circumstances and missions require. This capability is not merely physical; it requires conceptual sophistication and intellectual flexibility.

operational agility 작전적 민첩성, deploy and employ force 부대를 전개하고 운용하다, range of Army operations 지상작전 범위, Army force and commander 지상부대와 지휘관, offensive, defensive, stability, and support operations 공격, 방어, 평화정착 및 지원작전, conceptual sophistication 개념적 치밀성, intellectual flexibility 지적 융통성

작전적 민첩성은 지상작전의 영역 전반에 걸쳐 부대를 전개하고 운용하는 능력으로부터 출발한다. 지상부대와 지휘관은 상황과 임무에 따라 공격, 방어, 안정화 및 지원작전을 적절히 수행한다. 이런 능력은 단지 물리적인 측면뿐 아니라 개념적 치밀성과 지적 융통성을 요구한다.

Tactical agility is the ability of a friendly force to react faster than the enemy. It is essential to seizing, retaining, and exploiting the initiative. Agility is mental and physical. Agile commanders quickly comprehend unfamiliar situations, creatively apply doctrine, and make timely decisions.

tactical agility 전술적 민첩성, friendly force 우군부대, seizing, retaining, and exploiting the initiative 주도권 장악, 확보 및 탈취, agile commander 민첩한 지휘관, doctrine 교리, timely decision 적시적인 결심

전술적 민첩성은 적보다 신속히 대응할 수 있는 아군 부대의 능력이다. 주도권을 확보하고 유지하며 확대하는 것은 필수적이다. 민첩성은 정신적인 측면과 물리적인 측면이 있다. 민첩한 지휘관은 생소한 상황을 신속하게 이해하고, 창의적으로 교리를 적용하며, 시기적절하게 결심해야 한다.

3 종심성

Depth is the extension of operations in time, space, and resources. Commanders use depth to obtain space for effective maneuver, time to conduct operations, and resources to achieve and exploit success. Depth enables momentum in the offense, elasticity in the defense, and staying power in all operations.

depth 종심성, **operations** 작전, **commander** 지휘관, **effective maneuver** 효과적인 기동, **conduct operations** 작전을 수행하다, **exploit success** 전과를 확대하다, **momentum** 기세, **offense** 공격, **elasticity** 탄력성, **defense** 방어

종심은 시간, 공간, 자원 면에서 작전을 확장하는 것이다. 지휘관은 효과적인 기동을 위한 공간, 작전수행을 위한 시간, 승리를 달성하고 확대하는데 필요한 자원을 획득하기 위해 종심을 사용한다. 종심은 공격에서는 기세와 방어에서는 탄력성과 모든 작전에서는 전력유지를 가능하게 한다.

In the offense and defense, depth entails attacking the enemy throughout the AO – simultaneously when possible, sequentially when necessary – to deny him freedom to maneuver. Offensive depth allows commanders to sustain momentum and press the fight. Defensive depth creates opportunities to maneuver against the enemy from multiple directions as attacking forces are exposed or discovered.

offense and defense 공격과 방어, **AO(area of operations)** 작전지역, **freedom to maneuver** 기동의 자유, **offensive depth** 공격종심, **sustain momentum** 기세를 유지하다, **multiple direction** 여러 방향, **attacking force** 공격부대

공격 및 방어작전에서 종심유지를 위해서는 적이 기동하지 못하도록 전 작전지역에 걸쳐 가능한 동시다발적이고, 필요시에는 순차적으로 적을 공격해야 한다. 공격종심을 유지함으로써 지휘관은 기세를 유지하고 전투를 압박할 수 있다. 방어종심은 공격부대가 노출되거나 발견될 때, 여러 방향에서 공격해 오는 적에 대항해 기동할 기회를 만들어 준다.

In all operations, staying power – depth of action – comes from adequate resources. Depth of resources in quantity, positioning, and mobility is critical to executing military operations. Commanders balance depth in resources with agility. A large combat service support (CSS) tail can hinder maneuver, but inadequate CSS makes the force fragile and vulnerable.

stability operations 안정화작전, support operations 지원작전, depth 종심, ISR(intelligence and reconnaissance) 정보·감시·정찰, IO(information operations) 정보작전, commander 지휘관, shape the environment 상황을 조성하다, spread of disease 질병 확산, operations 작전, adequate resource 충분한 자원, mobility 기동력, agility 민첩성, combat service support(CSS) 전투근무지원, maneuver 기동

모든 작전에 있어서 전력유지(행동의 종심)는 충분한 자원으로부터 나온다. 자원의 양과 배치 및 기동력의 종심은 군사작전을 수행하는데 매우 중요하다. 지휘관은 자원운용의 종심과 민첩성 간의 균형을 유지해야 한다. 대규모 전투근무지원은 기동을 방해하지만 불충분한 전투근무지원은 부대를 공격받기 쉽고 취약하게 만든다.

> **1-46 기동성(mobility)**
> 군부대가 고유의 주 임무를 완수할 수 있는 능력을 보유한 채로 다른 장소로 이동할 수 있는 능력 또는 특성, 즉 기동을 발휘할 수 있는 능력.

4 동시통합성

Synchronization is arranging activities in time, space, and purpose to mass maximum relative combat power at a decisive place and time. Without synchronization, there is no massing of effects. Through synchronization, commanders arrange battlefield operating systems to mass the effects of combat power at the chosen place and time to overwhelm an enemy or dominate the situation. Synchronization is a means, not an end. Commanders balance synchronization against agility and initiative; they never surrender the initiative or miss a decisive opportunity for the sake of synchronization.

synchronization 동시통합성, relative combat power 상대적 전투력, massing of effect 효과의 집중, battlefield operating systems(BOS) 전장운영체계, overwhelm an enemy 적을 압도하다, dominate the situation 상황을 지배하다, means 수단, end 목적, agility 민첩성, initiative 주도권, surrender the initiative 주도권을 포기하다, miss a decisive opportunity 결정적 기회를 상실하다

동시통합성은 결정적인 시간과 장소에 상대적 전투력을 최대로 집중하기 위해 시간, 공간, 목적에 따라 활동을 조정하는 것이다. 동시통합성 없이는 효과의 집중도 없다. 동시통합성을 통해 지휘관은 적을 압도하거나 상황을 지배하기 위해 선택된 시간과 장소에 전투력 효과를 집중하기 위한 전장운영체계를 조정한다. 동시통합은 목적이 아니라 수단이다. 지휘관은 민첩성과 주도권 및 동시통합성 간의 균형을 유지해야 한다. 지휘관은 주도권을 절대로 포기해서는 안 되며, 동시통합성을 위해 결정적인 기회를 놓쳐서는 안 된다.

1-47 전장운영체제(battlefield operating systems(BOS)

작전적 수준의 지휘관에 의해 지시된 군사목표를 달성하기 위하여 지상군이 제반작전을 성공적으로 수행하기 위한 전장에서의 주요기능을 말한다. 즉 임무를 달성하기 위한 병력, 조직 및 장비와 같은 물리적 수단인 intelligence (정보), maneuver(기동), fire support(화력지원), air defense(방공), mobility/countermobility/ survivability (기동/대기동/생존), combat service support(전투근무지원), command and control (지휘 및 통제) 시스템을 의미한다. 우리 지상작전 교리에서는 전장기능이라 한다.

1-48 상대적 전투력(relative combat power)

피 · 아에게 실제로 발휘되는 힘을 상대적 전투력이라고 하며, 전쟁은 상대적인 것으로서 피 · 아 상호는 각각이 실제로 발휘되는 힘으로써 전쟁에 임하고, 상대적 전투력 우위를 확보하기 위해 적 전투력 발휘를 방해하고 아군은 해상, 공중전력을 포함한 아군 전투력의 증대, 지형, 기상이용, 유리한 태세확립, 적절한 정보입수, 전투근무지원 및 전술전기의 이용과 기습 등 가능한 모든 노력을 경주해야 한다.

5 다재다능성

Versatility is the ability of Army forces to meet the global, diverse mission requirements of full spectrum operations. Competence in a variety of mission and skills allows Army forces to quickly transition from one type of operation to another with minimal changes to the deployed force structure. Versatility depends on adaptive leaders, competent and dedicated soldiers, and well-equipped units. Effective training, high standards, detailed planning also contribute. Time and resources limit the number of tasks any unit can perform well. Within these constraints, commanders maximize versatility by developing the multiple capabilities of units and soldiers. Versatility contributes to the agility of Army units.

versatility 다재다능성, Army force 지상군, mission requirement of full spectrum operations 전 영역 통합작전의 임무요구, type of operations 작전형태, deployed force structure 전개부대구조, well-equipped unit 좋은 장비를 갖춘 부대, task 과업, commander 지휘관, agility 민첩성

다재다능성이란 전 영역 통합작전에서 요구되는 범세계적이며 다양한 임무를 충족시킬 수 있는 지상군의 능력을 말한다. 다양한 임무수행 능력 및 전술전기는 지상군 부대가 전개부대구조의 최소 변경으로 어떤 작전형태로부터 다른 작전형태로 신속하게 전환할 수 있게 해준다. 다재다능성은 적응성 있는 리더, 유능하고 헌신적인 전투원, 좋은 장비를 갖춘 부대에 좌우된다. 효과적인 훈련, 고도의 표준화, 세부적인 계획도 다재다능성 발휘에 기여한다. 시간과 자원의 제약으로 인해 부대가 잘 수행할 수 있는 과업의 수는 제한된다. 이런 제한사항 내에서 지휘관은 부대와 전투원들의 다양한 능력을 계발시킴으로써 융통성을 극대화해야 한다. 다재다능성을 통해 지상군의 민첩성에 기여한다.

8

전장편성
Battlefield Organization

The battlefield organization is the allocation of forces in the AO by purpose. It consists of three all-encompassing categories of operations: decisive, shaping, and sustaining. Purpose unifies all elements of the battlefield organization by providing the common focus for all actions. Commanders organize forces according to purpose by determining whether each unit's operation will be decisive, shaping, or sustaining. These decisions form the basis of the concept of operations. When circumstances require a spatial reference, commanders describe the AO in terms of deep, close, and rear areas. These spatial categories are especially useful in operations that are generally contiguous and linear and feature a clearly defined enemy force.

military decision making process 군사결심수립절차, battlespace 전투공간, arrange their force 부대를 배치하다, battlefield organization 전장편성, allocation of force 부대할당, AO(area of operations) 작전지역, decisive, shaping, and sustaining 결정적작전, 여건조성 작전, 전투력지속작전, element of the battlefield organization 전장편성요소, concept of operations 작전개념, deep, close, and rear area 종심·근접·후방지역, contiguous 접경하고 있는, linear 선형의, clearly defined enemy force 명확하게 규정된 적

전장편성은 목적에 맞게 작전지역에 부대를 할당하는 것이다. 전장편성은 결정적작전, 여건조성작전, 전투력지속작전이라는 세 가지 총체적 범주로 구성된다. 작전목적은 모든 활동을 위한 공통중점을 제공함으로써 전장편성의 모든 요소를 통합한다. 지휘관은 각 부대의 작전이 결정적작전, 여건조성작전 및 전투력지속작전인지를 결정함으로써 목적에 부합되게 부대를 편성한다. 이런 결정으로 작전개념의 기초가 형성된다. 작전환경이 공간적 관련성과 결부될 때 지휘관은 작전지역을 종심, 근접, 후방지역으로 나눌 수 있다. 이러한 공간적 범주는 일반적으로 접적작전, 선형작전, 명확히 식별된 적 부대와의 작전에서 특히 유용하다.

1 결정적작전

Decisive operations are those that directly accomplish the task assigned by the higher headquarters. Decisive operations conclusively determine the outcome of major operations, battles, and engagements. There is only one decisive operation for any major operation, battle, or engagement for any given echelon. The decisive operation may include multiple actions conducted simultaneously throughout the AO. Commanders weight the decisive operation by economizing on combat power allocated to shaping operations.

decisive operations 결정적작전, task assigned by the higher headquarters 상급사령부에 의해 부여된 과업, major operations 주력작전, battle 전투, engagements 교전, echelon 제대, AO(area of operations) 작전지역, combat power allocated 할당된 전투력, shaping operations 여건조성작전

결정적작전은 상급사령부에 의해 부여된 과업을 직접적으로 달성하는 것이다. 주력작전, 전투 및 교전의 결과는 결국 결정적작전으로 결정된다. 주력작전, 전투 혹은 교전에 있어서 결정적작전은 어떤 제대에서도 한번만 존재한다. 결정적작전에는 작전지역 전반에 걸쳐 동시적으로 수행되는 다양한 활동이 포함된다. 지휘관은 여건조성작전에 할당된 전투력을 절약하여 결정적작전에 더 많은 병력을 할당해야 한다.

1-49 전장(battlefield)

전투행위가 전개되고 있는 장소로서 전지(戰地)라는 단어의 뜻과 같으며 공중전을 위한 공중공간(airspace)도 포함됨.

1-50 전역(campaign)

어느 한 단계나 또는 중요한 전투(battle)를 치루는 단계에서 나타나는 대규모 부대들의 협조된 활동(작전)을 의미한다.

주력작전을 계획, 편성, 실시함에 작전술(operational art) 개념이 적용되고, 어느 특정 제대(echelon) 단독으로 또는 특별히 작전술이 적용된다고 말할 수는 없으나 통상 전구사령부(theater command)나 그 예하 주요 부대들(major forces)이 전역(campaign)을 계획 및 지시하고, 집단군(army group)이나 군(army)이 통상 일개 전역의 지상 주력작전을 계획하게 된다. 이때 사단(divisions)과 군단(corps)은 통상 그와 같은 지상 주력작전을 실시하는 부대가 된다.

In the offense and defense, decisive operations normally focus on maneuver. For example, Third Army's decisive operation in the Gulf War sent VII Corps against the Iraqi Republican Guard after a major shaping operation by the USCENTCOM air component. Conversely, CSS units may conduct the decisive operation during mobilization and deployment or in support operations, particularly if the mission is humanitarian.

offense and defense 공격 및 방어, **decisive operations** 결정적 작전, **maneuver** 기동, **third Army** 3군, **VII Corps** 7군단, **USCENTCOM(U.S. Central Command)** 미 중부군 사령부, **CSS(combat service support)unit** 전투근무지원 부대, **mobilization** 동원, **deployment** 전개, **support operations** 지원작전, **mission** 임무

공격 및 방어에서 결정적작전은 주로 기동에 초점을 둔다. 예를 들면 걸프전에서 3군의 결정적작전에서 미 중부사령부 공군구성군에 의해 주요 여건조성작전이 수행된 후에 이라크 공화국수비대를 물리치기 위해 7군단이 투입되었다. 반대로, 특히 그 임무가 인도적 지원이라면 전투근무지원부대도 동원, 전개, 또는 지원작전에서 결정적작전을 수행할 수 있다.

2 여건조성작전

Shaping operations at any echelon create and preserve conditions for the success of the decisive operation. Shaping operations include lethal and nonlethal activities conducted throughout the AO. They support the decisive operation by affecting enemy capabilities and forces, or by influencing enemy decisions. Shaping operations use all elements of combat power to neutralize or reduce enemy capabilities. They may occur before, concurrently with, or after the start of the decisive operation. They may occur throughout the AO.

shaping operations 여건조성작전, **echelon** 제대, **decisive operation** 결정적작전, **lethal and nonlethal activity** 치명적 및 비치명적 활동, **AO(area of operations)** 작전지역, **enemy capability** 적 능력, **elements of combat power** 전투력 발휘요소, **neutralize** 무력화하다, **combination of force** 부대통합

모든 제대에서 여건조성작전은 결정적작전의 성공을 위해 여건을 조성하고 유지한다. 여건조성작전에는 작전지역 전 지역에 걸쳐서 수행되는 치명적 행동과 치명적이지 않은 행동이 포함된다. 여건조성작전은 적 능력 및 부대 또는 적의 결정에 영향을 미침으로써 결정적작전을 지원한다. 여건조성작전은 적 능력을 무력화 또는 저하시키기 위해 모든 전투력 발휘요소를 이용한다. 여건조성작전은 결정적작전의 수행 전, 수행과 동시 혹은 수행 후에도 일어날 수 있다. 여건조성작전은 작전지역 전반에 걸쳐 일어날 수 있다.

③ 전투력지속작전

The purpose of sustaining operations is to generate and maintain combat power. Sustaining operations are operations at any echelon that enable shaping and decisive operations by providing combat service support, rear area and base security, movement control, terrain management, and infrastructure development.

sustaining operations 전투력지속작전, combat power 전투력, echelon 제대, combat service support(CSS) 전투근무지원, rear area 후방지역, base security 기지경계, movement control 이동통제, terrain management 지형관리, infrastructure development 기반시설 개발, shaping and decisive operations 여건조성 및 결정적작전

전투력지속작전의 목적은 전투력을 창출하고 유지하는 것이다. 전투력지속작전은 모든 제대에 있어서 전투근무지원, 후방지역과 기지경계, 이동통제, 지형관리 및 기반시설 개발을 제공함으로써 작전여건조성 및 결정적작전을 가능하게 한다.

While sustaining operations are inseparable from decisive and shaping operations, they are not usually decisive themselves. However, in some support operations, CSS forces may be the decisive element of the Army force. Sustaining operations occur throughout the AO, not just within a rear area. Failure to sustain normally results in mission failure. Sustaining operations determine how fast Army forces reconstitute and how far Army forces can exploit success.

support operations 지원작전, CSS force 전투근무지원 부대, decisive element of the Army force 결정적 지상군 부대, AO(area of operations) 작전지역, mission failure 임무실패, reconstitute (전투력을) 복원하다, exploit success 전과를 확대하다

전투력지속작전이 결정적작전 및 여건조성작전과 분리될 수는 없지만 대체적으로 그 자체가 결정적일 수는 없다. 그러나 일부 지원작전에서 전투근무지원부대는 결정적 지상부대가 될 수 있다. 전투력지속작전은 후방지역에서만 실시되는 것이 아니라 작전지역 전반에 걸쳐 수행된다. 전투지속성 유지 실패는 대개 임무를 달성하지 못하는 결과를 낳는다. 전투력지속작전은 지상부대가 얼마나 신속하게 전투력을 복원하며, 어느 정도로 전과를 확대할 수 있을지를 결정한다.

At the operational level, sustaining operations focus on preparing for the next phase of the campaign or major operation. At the tactical level, sustaining operations underwrite the tempo of the overall operation; they assure the ability to take immediate advantage of any opportunity.

operational level 작전적 수준, sustaining operations 전투력지속작전, next phase of the campaign or major operation 차후 전역 또는 주요작전 단계, tactical level 전술적 수준, tempo of the overall operation 전반적인 작전속도, take immediate advantage of any opportunity 즉각적으로 기회를 이용하다

작전적 수준에서 전투력지속작전은 차후 전역 또는 주력작전 단계를 준비하는데 초점을 둔다. 전술적 수준에서 전투력지속작전으로 작전전반의 속도가 보장된다. 즉 전투력지속작전으로 어떤 기회를 즉시 이용할 수 있는 능력이 보장된다.

4 주노력

Within the battlefield organization of decisive, shaping, and sustaining operations, commanders designate and shift the main effort. The main effort is the activity, unit, or area that commanders determine constitutes the most important task at that time. Commanders weight the main effort with resources and priorities and shift it as circumstances and intent demand.

battlefield organization 전장편성, decisive, shaping, and sustaining operations 결정적작전, 여건조성작전, 전투력지속작전, main effort 주노력, task 과업, resources and priority 자원 및 우선순위, circumstances and intent 상황과 의도

결정적작전, 여건조성작전, 전투력지속작전으로 편성된 전장 범위 내에서 지휘관은 주노력 방향을 지정하고 전환한다. 주노력은 작전 당시 가장 중요한 과업을 달성하기 위해 지휘관이 결정한 활동, 부대 및 지역이다. 지휘관은 자원과 우선순위에 의거하여 주노력 방향에 비중을 두며, 상황과 지휘관 의도에 따라 주노력을 전환한다.

The main effort and the decisive operation are not always identical. Commanders anticipate shifts of main effort throughout an operation and include them in the plan. In contrast, changing the decisive operation requires execution of a branch, sequel, or new plan. A shaping operation may be the main effort before execution of the decisive operation. However, the decisive operation becomes the main effort upon execution.

main effort 주노력, decisive operation 결정적작전, operation 작전, plan 계획, branch 우발계획, sequel 후속작전, new plan 새로운 계획, shaping operation 여건조성 작전

주노력과 결정적작전은 항상 일치하지 않는다. 지휘관은 작전 전반에 걸쳐 주노력의 전환을 예측하고 작전계획에 주노력의 전환을 포함한다. 대조적으로 결정적작전의 변경은 우발, 후속 혹은 새로운 계획의 실행을 요구한다. 여건조성작전은 결정적작전이 수행되기 전의 주노력이라 할 수 있다. 그러나 결정적작전은 작전을 시행할 때 주노력이다.

Despite the increasing nonlinear nature of operations, there may be situations where commanders describe decisive, shaping, and sustaining operations in spatial terms. Typically, linear operations involve conventional combat and concentrated maneuver forces. Ground forces share boundaries and orient against a similarly organized enemy force. Terrain or friendly forces secure flanks and protect CSS operations. In some multinational operations, the capabilities and doctrine of partners may dictate spatial organization of the AO. In such situations, commanders designate close, deep, and rear areas. (See Figure 1-2) nonlinear nature of operations 작전의 비선형적 속성, decisive, shaping, and sustaining operations 결정적, 여건조성, 전투력지속작전, linear operations 선형작전, conventional combat 재래식 전투, maneuver force 기동부대, ground forces 지상군 부대, boundary 전투지경선, terrain 지형, CSS operations 전투근무지원작전, multinational operations 다국적 작전, capability 능력, doctrine 교리, situation 상황, close, deep, and rear area 근접, 종심, 후방지역

작전의 비선형적 속성이 증대되고 있음에도 불구하고 지휘관은 결정적작전, 여건조성 작전, 전투력지속작전을 공간적 의미로 기술(記述)해야 하는 상황에 직면할 수 있다. 전형적으로 선형작전에는 재래식 전투와 집중적으로 운용되는 기동부대가 포함된다. 지상부대는 전투지경선을 공유하며 유사하게 편성된 적 부대와 대치한다. 지형 또는 아군부대는 측방을 방호하고 전투근무지원을 보장한다. 일부 다국적 작전에서는 참여 국의 능력 및 교리가 작전지역의 공간편성을 좌우할 수도 있다. 이러한 상황에서 지휘 관은 근접, 종심, 후방 지역을 지정한다. (그림 1-2 참조)

1-51 우발계획(branch)

책임지역(AOR, area of responsibility)내에서 발생될 수 있을 것으로 예상되는 우 발사태(contingency)에 대한 군사적 요구와 위기에 대처하기 위한 계획을 발전시키 는 일련의 과정으로서 통상 평시, 분쟁 시, 전시에 정밀하게 혹은 위기조치계획의 제 조건에 따라 수행된다.

|그림 1-2| 근접, 종심, 후방지역

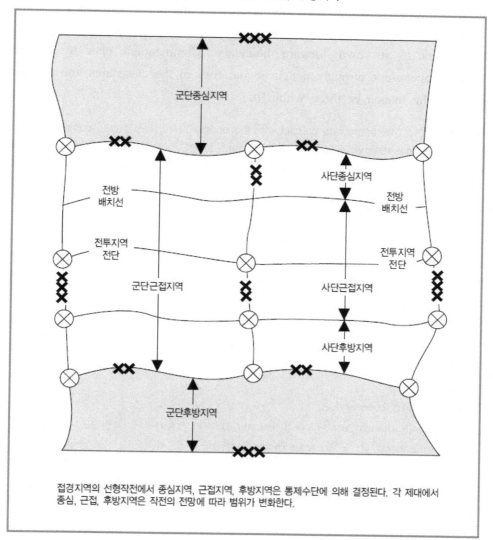

접경지역의 선형작전에서 종심지역, 근접지역, 후방지역은 통제수단에 의해 결정된다. 각 제대에서 종심, 근접, 후방지역은 작전의 전망에 따라 범위가 변화한다.

Close Areas.　　When designated, the close area is where forces are in immediate contact with the enemy and the fighting between the committed forces and readily available tactical reserves of both combatants is occurring, or where commanders envision close combat taking place. Typically, the close area assigned to a maneuver force extends from its subordinates's rear boundaries to its own forward boundary. Commanders plan to conduct decisive operations through maneuver and fires in the close area and position most of the maneuver force within it.

close area 근접지역, immediate contact with the enemy 적과의 직접적 접촉, committed force 투입부대, tactical reserve 전술적 예비, combatant 전투원, commander 지휘관, close area assigned to a maneuver force 기동부대에 부여된 근접지역, subordinates's rear boundary 예하 부대의 후방전투지경선, forward boundary 전방전투지경선, decisive operations 결정적 작전, maneuver and fire 기동과 화력, maneuver force 기동부대

근접지역.　　근접지역으로 지정될 때 이는 부대가 직접 적과 접촉하는 곳이며, 투입부대와 양측 전투원 간의 가용한 전술적 예비대 사이에 전투가 발생하는 장소 혹은 지휘관이 근접전투가 발생하리라고 예상하는 장소이다. 전형적으로 기동부대에 부여된 근접지역은 예하 부대의 후방 전투지경선으로부터 전방기동부대의 전방 전투지경선까지이다. 지휘관은 근접지역에서 기동과 화력을 통해 결정적작전을 수행하고 근접지역 내에 대부분의 기동부대를 배치하도록 계획한다.

1-52 전투지경선(boundary)

인접부대(adjacent units), 대형(formation), 지역(area)간에 작전협조(operational coordination) 및 조정(arrangement)을 용이하게 할 목적으로 지표상에 선정한 선으로 전방(forward), 후방(rear) 및 측방(lateral) 전투지경선으로 구분되며, 전투지경선 밖에서의 작전은 인접 혹은 상급부대(higher unit)와 협조 및 승인 없이 수행될 수 없다.

The activities of forces directly supporting fighting elements also occur in the close area. Examples of these activities are field artillery fires and combat health support. Within the close area, depending on echelon, one unit may conduct the decisive operation while others conduct shaping operations. Commanders of forces engaged in the close area may designate subordinate deep, close, and rear areas.

activity of force 부대활동, fighting element 전투부대, close area 근접지역, field artillery fire 포병화력, combat health support 전투의무지원, echelon 제대, decisive operation 결정적작전, shaping operations 여건조성작전, commander of force engaged in the close area 근접지역 담당 부대 지휘관, subordinate deep, close, and rear areas 예하부대의 종심, 근접, 후방지역

전투부대를 직접적으로 지원하는 부대의 활동 또한 근접지역에서 일어난다. 이런 지원 활동의 예는 야전포병화력과 전투의무지원 활동이다. 근접지역 내에서 각 제대에 따라 다른 부대가 여건조성작전을 수행하는 동안 한 부대는 결정적작전을 수행할 수도 있다. 근접지역을 책임지고 있는 지휘관은 예하 부대의 종심, 근접 및 후방지역을 지정해 줄 수도 있다.

Deep Areas. When designated, the deep area is an area forward of the close area that commanders use to shape enemy forces before they are encountered or engaged in the close area. Typically, the deep area extends from the forward boundary of subordinate units to the forward boundary of the controlling echelon. Thus, the deep area relates to the close area not only in terms of geography but also in terms of purpose and time. The extent of the deep area depends on the force's area of influence—how far out it can acquire information and strike targets. Commanders may place forces in the deep area to conduct shaping operations. Some of these operations may involve close combat. However, most maneuver forces stay in the close area.

commander 지휘관, enemy force 적 부대, be encountered or engaged 조우 혹은 교전하다, forward boundary of subordinate unit 예하부대의 전방 전투지경선, forward boundary of the controlling echelon 통제제대의 전방 전투지경선, force's area of influence 부대의 영향지역, acquire information 첩보를 획득하다, strike target 목표를 타격하다, place force 부대를 배치하다, conduct shaping operations 여건조성작전을 수행하다, close combat 근접전투, maneuver force 기동부대

종심지역. 종심지역으로 지정될 때 이는 근접지역에서 적과 조우하거나 교전하기 전에 적과의 전투여건을 조성하기 위하여 지휘관이 사용하는 근접작전의 전방지역이다. 일반적으로 종심지역은 예하부대의 전방 전투지경선으로부터 (작전을) 통제하는 제대의 전방 전투지경선까지이다. 그러므로 종심지역은 지형적인 의미뿐만 아니라 목적과 시간적 의미에서도 근접지역과 관련이 있다. 종심지역의 범위는 얼마나 멀리 첩보를 획득하며, 표적을 타격할 수 있느냐 하는 그 부대의 영향지역에 좌우된다. 지휘관은 여건조성작전을 수행하기 위해 종심지역에 부대를 운용할 수도 있다. 그러한 작전의 일부에서는 근접전투가 일어날 수도 있다. 그러나 대부분의 기동부대는 근접지역에 위치한다.

Rear Areas. When designated, the rear area for any command extends from its rear boundary forward to the rear boundary of the next lower level of command. This area is provided primarily for the performance of support functions and is where the majority of the echelon's sustaining operations occur. Operations in rear areas assure freedom of action and continuity of operations, sustainment, and C2. Their focus on providing CS and CSS leaves units in the rear area vulnerable to attack. Commanders may designate combat forces to protect forces and facilities in the rear area. In some cases, commanders may designate a noncontiguous rear area due to geography or other circumstances. In this case, the rear area force protection challenge increases due to physical separation of forces in the rear area from combat units that would otherwise occupy a contiguous close area.

rear area 후방지역, rear boundary forward 후방전투지경선 전방, rear boundary 후방전투지경선, next lower level of command 1차 하급부대, performance of support function 지원기능 수행, sustaining operations 전력지속작전, operations in rear area 후방지역작전, freedom of action 행동의 자유, continuity of operations 작전지속성, sustainment 전투지속성, C2(command and control) 지휘통제, CS(combat support) and CSS(combat service support) 전투지원 및 전투근무지원, units in the rear area 후방지역부대, attack 공격하다, designate combat force 전투부대를 지정하다, protect force and facility 부대와 시설을 방호하다, noncontiguous rear area 비접경 후방지역, rear area force protection 후방지역부대방호, combat unit 전투부대, contiguous close area 접촉후방지역

후방지역. 후방지역으로 지정될 때 이는 그 부대의 후방전투지경선 전방으로부터 1단계 하급부대의 후방 전투지경선까지이다. 후방지역은 주로 지원기능 수행을 위해 부여되며, 그 제대의 전투력지속작전의 대부분이 실시되는 지역이다. 후방지역에서의 작전으로 행동의 자유, 작전의 연속성, 전투지속성 유지 및 지휘통제가 보장된다. 전투지원 및 전투근무지원에 집중하다 보면 후방지역에 배치된 적의 공격에 취약하게 된다. 지휘관들은 후방지역에 있는 부대 및 시설을 보호하기 위한 전투부대를 지정할 수도 있다. 어떤 경우에 지휘관들은 지형 또는 다른 상황 때문에 비접경 후방지역을 지정할 수도 있다(근접지역과 후방지역의 전투지경선이 서로 접촉되지 않고 분리되게 편성). 이 경우에는 근접지역을 점령하게 될 전투부대로부터 후방지역에 배치된 부대들이 실제로 분리되기 때문에 후방지역 방호문제가 증대된다.

Chapter 2

전투지휘
(Battle Command)

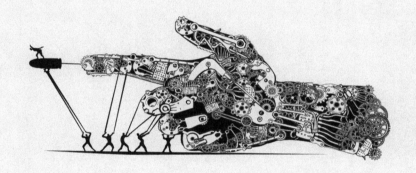

초급장교에서 장군에 이르기까지 모든 군사 지도자들은 명쾌하고 논리적인 사고를 가져야 한다. 박식한 군사 전문지식을 되뇌는 것보다 전장 상황을 정확하게 분석하여 결정적인 요소를 찾아내고, 간명하고 실현 가능한 해결책을 제시할 수 있는 능력이 훨씬 더 중요하다.

– 1939년 보병전투 중에서

Battle command applies the leadership element of combat power. It is principally an art that employs skills developed by professional study, constant practice, and considered judgment. Commanders, assisted by the staff, visualize the operation, describe it in terms of intent and guidance, and direct the actions of subordinates within their intent. Commanders direct operations in terms of the battlefield operating systems (BOS). They directly influence operations by personal presence, supported by their command and control (C2) system.

element of combat power 전투력 발휘요소, commander 지휘관, staff 참모, visualize the operation 작전을 가시화하다, intent and guidance 의도와 지침, direct the action of subordinate 예하부대의 행동을 지시하다, battlefield operating systems(BOS) 전장운영체계, command and control(C2) system 지휘통제체계

전투지휘에서는 전투력 발휘요소 중 지휘통솔이 적용된다. 전투지휘는 주로 전문적인 연구와 끊임없는 연습 및 신중한 판단에 의해 개발된 숙련된 능력을 사용하는 술(術)이다. 지휘관은 참모의 도움을 받아 작전을 가시화하고, 지휘관의 의도와 지침으로 작전을 기술(記述)하며, 지휘관의 의도 내에서 예하 부대의 행동을 감독한다. 또한 지휘관은 전장운영체계를 활용해 작전을 감독한다. 지휘관은 지휘통제시스템을 활용하여 전면에 나섬으로써 직접적으로 작전에 영향을 미친다.

2-1 지휘관 의도(commander's intent)

작전목적(purpose of operations)을 간결하게 나타내고 최종상태(end state)에 대한 설명 및 한 조건의 사태가 장차작전(future operations)으로 전환을 용이하게 하는 방법에 대한 지휘관(commander)의 명확하고 간결한 진술.

(작전을) 가시화하고 기술(記述)하고 감독하라
Visualize, Describe, Direct

Visualizing, describing, and directing are aspects of leadership common to all commanders. Technology, the fluid nature of operations, and the volume of information increase the importance of commanders being able to visualize and describe operations. Commanders' perspective and the things they emphasize change with echelon. Operational art differs from tactics principally in the scope and scale of what commanders visualize, describe, and direct. Operational commanders identify the time, space, resources, purpose, and action of land operations and relate them to the joint force commander's (JFC's) operational design. In contrast, tactical commanders begin with an area of operations(AO) designated, objectives identified, the purpose defined, forces assigned, sustainment allocated, and time available specified. (See Figure 5-1)

fluid nature of operations 작전의 유동적 속성, volume of information 다량의 정보, commanders' perspective 지휘관의 시각, echelon 제대, operational art 작전술, tactics 전술, scope and scale 범위와 규모, operational commander 작전술(제대)지휘관, land operations 지상작전, joint force commander's(JFC's) operational design 합동군 지휘관의 작전구상, tactical commanders 전술(제대)지휘관, area of operations(AO) designated 지정된 작전지역, objectives identified 식별된 목표, purpose defined 정의된(작전)목적, force assigned 할당된 부대, sustainment 전투지속능력, time available specified 세부 가용시간

(작전의) 가시화, 기술(記述), 감독 과정은 모든 지휘관들에게 공통된 리더십의 양상이다. (과학)기술, 작전의 유동적 속성, 다량의 정보로 인해 작전을 가시화하고 기술할 수 있는 지휘관의 능력이 점점 중요해진다. 지휘관의 시각과 강조사항은 제대에 따라 다르다. 작전술은 지휘관이 (작전을) 가시화하고, 기술하며, 감독하는 범위와 규모 면에서 기본적으로 전술과 다르다. 작전술제대 지휘관은 지상작전의 시간, 공간, 자원, 목적, 행동 등을 확인하고 그것들을 합동군사령관의 작전구상과 연계시킨다. 대조적으로 전술제대의 지휘관은 지정된 작전지역, 식별된 목표, 정의된 (작전)목적, 예속된 부대, 할당된 전투지속능력, 세부가용시간으로 착수한다. (그림 2-1 참조)

| 그림 2-1 | 전투지휘

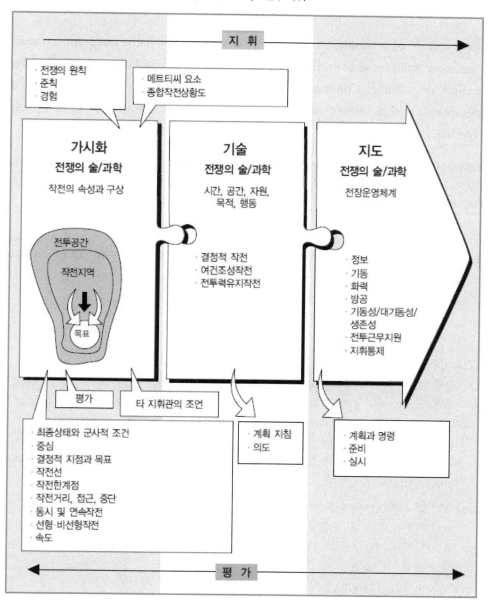

(작전을) 가시화하라
Visualize

Upon receipt of a mission, commanders consider their battlespace and conduct a mission analysis that results in their initial vision, which they continually confirm or modify. Commanders use the factors of METT-TC, elements of operational design, staff estimates, input from other commanders, and their experience and judgment to develop their vision.

receipt of a mission 임무수령, **commander** 지휘관, **battlespace** 전투공간, **mission analysis** 임무분석, **initial vision** 최초 비전, **the factor of METT-TC** 전술적 고려 요소(메트 티 씨 요소), **element of operational design** 작전구상 요소, **staff estimate** 참모판단

임무수령과 동시에 지휘관은 전투공간을 고려하고, 지휘관의 최초 비전을 제시하는 임무분석을 실시하는데, 이것은 지휘관에 의해 지속적으로 확인 또는 수정된다. 지휘관은 비전을 발전시키기 위해서 전투력 고려 요소(메트 티 씨 요소), 작전구상 요소, 참모판단, 타 지휘관의 조언 및 자신의 경험과 판단을 활용한다.

2-2 임무분석(mission analysis)
통합전투수행(unified combat action)을 위한 전술적 결심수립절차(tactical decision making process, TDMP)의 출발점으로써 상급지휘관의 의도(higher commander's intent)와 명시된 과업(specified task)을 식별하고 추정된 과업(implied task)을 염출하여 임무수행을 위한 최초 지휘관의 의도를 구상하는 과정이며, 지휘관(commander)은 참모(staff)들의 노력의 통합과 시간절약을 위해 자신의 의도를 계획지침(planning guidance)으로 하달한다.

2-3 명시된 과업(specified task)
상급부대의 계획 및 명령에 기술되어 있는 과업으로서 지휘관 의도에 핵심적인 내용이며 주로 작전명령 2, 3항에 기술되어 있으나 협조지시나 부록과 같은 다른 부분에 기술될 수 있음.

2-4 추정과업(implied task)
지휘관의 임무분석 결과 임무를 달성함에 있어서 필요 불가결한 것으로 결정된 과업들로서 상급사령부(higher headquarters)로부터의 임무에는 명시되지 않은 과업.

2-5 참모판단(staff estimate)

참모장교가 지휘관의 중요한 행동 방책(course of action)에 영향을 미치는 관심 사항의 특정한 분야를 요소별로 전문적인 평가를 하는 것.

2-6 전술적 결심수립절차(TDMP, tactical decision making process)

지휘관(자)이 부여된 임무를 효과적으로 수행하기 위하여 취하는 사고와 행동의 합리적이고 논리적인 순서로서 임무를 수령하여 계획하고 실시하는 동적인 과정을 말한다. 전술적 결심수립절차를 적용하는 목적은 임무수행 용이, 예하부대의 행동통일 그리고 시간을 효과적으로 사용하고 절약하는데 있다. 우리 교리에는 부대지휘절차(troop leading procedure, TLP)라는 용어로 사용하고 있다. 미군 교리로 TLP는 참모가 없는 중대급 이하부대(units below company level)에서 적용하는 교리이며 TDMP는 참모가 편성되어 있는 대대급 이상부대(units above battalion level)에서 적용하는 것이나 우리는 이런 구분 없이 부대지휘절차로 통합하여 사용하고 있다.

1 전술적 고려 요소(메트 티 씨 요소)

METT-TC refers to factors that are fundamental to assessing and visualizing : Mission, Enemy, Terrain and weather, Troops and support available, Time available, and Civil considerations. The first five factors are not new. However, the nature of full spectrum operations requires commanders to assess the impact of nonmilitary factors on operations. Because of this added complexity, civil considerations has been added to the familiar METT-T to form METT-TC. All commanders use METT-TC to start their visualization.

METT-TC(메트 티 씨) 전술적 고려 요소, **assessing and visualizing** 평가 및 가시화, **nature of full spectrum operations** 전 영역 작전의 속성, **nonmilitary factor** 비군사 요소, **complexity** 복잡성, **civil consideration** 민간고려요소

전술적 고려 요소(메트 티 씨 요소)는 임무, 적, 지형 및 기상, 가용 부대 및 지원능력, 가용시간, 민간고려요소로 (작전의) 평가와 가시화에 중요한 요소이다. 처음의 5가지 요소는 새로운 것이 아니다. 그러나 전 영역 통합작전의 속성상 지휘관은 작전에 관한 비군사적 요소의 영향을 평가하도록 요구된다. 이 더해진 복잡성 때문에 기존의 메트 티(METT＋T)에 민간고려요소가 추가되어 메트 티 씨(METT＋TC)로 되었다. 모든 지휘관은 작전을 가시화하기 위해 전술적 고려 요소(메트 티 씨 요소)를 사용한다.

Mission. Commanders determine the mission through analysis of the tasks assigned. The results of that analysis yield the essential tasks that, together with the purpose of the operation, clearly indicate the action required. The mission includes what tasks must be accomplished; who is to do them; and when, where, and why the tasks are to be done.

mission 임무, **analysis of the tasks assigned** 부여된 과업 분석, **essential task** 필수과업, **purpose of the operation** 작전목적, **action required** 요구되는 행동

임무. 지휘관은 부여된 과업을 분석하여 임무를 결정한다. 그 분석결과로 작전 목적과 더불어 요구되는 행동을 분명하게 나타내는 필수과업이 도출된다. 임무에는 어떤 과업이 수행되어야만 하는가, 누가 그 과업을 수행하는가, 언제, 어디서 왜 그 과업이 수행되어야 하는가가 포함된다.

Enemy. The analysis of the enemy includes current information about his strength, location, activity, and capabilities. Commanders and staffs also assess the most likely enemy courses of action. In stability operations and support operations, the analysis includes adversaries, potentially hostile parties, and other threats to success. Threats may include the spread of infectious disease, regional instabilities, or misinformation. Commanders consider asymmetric as well as conventional threats.

enemy 적, **analysis of the enemy** 적에 관한 분석, **current information** 현행첩보, **strength** 강점, **location** 위치, **activity, and capability** 활동 및 능력, **commander and staff** 지휘관 및 참모, **the most likely enemy course of action** 가능성 있는 적 방책, **stability operations and support operations** 안정화작전 및 지원작전, **asymmetric** 비대칭적인, **conventional threat** 재래식 위협

적. 적에 관한 분석에는 적의 강점, 위치, 활동, 능력에 관한 현행 첩보가 포함된다. 지휘관과 참모는 가장 가능성 높은 적 방책을 평가한다. 안정화작전과 지원작전에서 적을 분석함에 있어서는 적대국, 잠재적 적대진영, 기타 승리에 위협이 되는 요소 등이 포함된다. 위협에는 전염병의 확산, 지역적 불안정, 오정보가 포함될 수 있다. 지휘관은 재래식 위협뿐 아니라 비대칭 위협 또한 고려한다.

2-7 첩보(information)

정보 생산과정에서 사용되는 처리되지 않는 모든 자료.

2-8 정보(intelligence)

외국이나 작전지역의 하나 혹은 그 이상의 부분에 관한 가용한 모든 첩보 (information)의 수집, 처리(processing), 통합(integration), 분석(analysis), 평가 (evaluation) 및 해석(interpretation)한 결과로 획득된 산물(product).

2-9 적 방책 분석(enemy course of action analysis)

적 능력평가(enemy evaluation of capability)를 기초로 적의 채택 우선순위가 가장 높은 방책(COA)을 선정하고, 사태분석(event analysis)을 통해 적 방책을 구체화하여 적의 강·약점(enemy strength and weakness)을 도출하는 과정으로써 첩보수집계획(information collection plan) 및 아 대응방책(friendly countermeasures) 구상을 위한 기초를 제공한다.

Terrain and Weather. Analysis of terrain and weather helps commanders determine observation and fields of fire, avenues of approach, key terrain, obstacles and movement, and cover and concealment. Terrain includes manmade features such as cities, airfields, bridges, railroads, and ports. Weather and terrain also have pronounced effects on ground maneuver, precision munitions, air support, and CSS operations. The nature of operations extends the analysis of the natural environment (weather and terrain) into the context of the physical environment of a contaminated battlefield. To find tactical advantages, commanders and staffs analyze and compare the limitations of the environment on friendly, enemy, and neutral forces.

terrain and weather 지형 및 기상, commander 지휘관, observation and fields of fire 관측과 사계, avenue of approach 접근로, key terrain 주요지형, obstacle and movement 장애물 및 이동, cover and concealment 엄폐 및 은폐, manmade feature 인공지형지물, pronounced 뚜렷한, ground maneuver 육상기동, precision munition 정밀 군수지원, air support 공중지원, CSS(combat service support) operations 전투근무지원운영, nature of operations 작전의 속성, battlefield 전장, tactical advantage 전술적 이점, commander and staff 지휘관 및 참모, limitation 제한사항, friendly, enemy, and neutral force 우군, 적군 및 중립국 부대

지형 및 기상. 지형 및 기상 분석은 지휘관이 관측 및 사계, 접근로, 주요지형, 장애물 및 이동, 엄폐 및 은폐를 결정하는데 도움을 준다. 지형에는 도시, 비행장, 교량, 철로, 항만 등과 같은 인공지형지물이 포함된다. 지형 및 기상은 또한 육상기동, 정밀군수지원, 항공지원, 전투근무지원운영에 뚜렷한 영향을 미친다. 작전의 속성은 지형 및 기상과 같은 자연환경요소의 분석으로부터 오염된 전장의 물리적 환경 영역에까지 확대된다. 전술적 이점을 모색하기 위해서 지휘관 및 참모는 아군, 적군 및 중립국 부대에 영향을 미치는 환경적 제한사항을 분석 및 비교한다.

2-10 지형평가 5개 요소(OCOKA)

observation and fields of fire(관측과 사계), cover and concealment(엄폐와 은폐), obstacles(장애물), key terrain(주요 지형지물), avenue of approach(접근로)

2-11 엄폐(cover), 은폐(concealment)

엄폐는 자연 또는 인공적인 장애물(natural or artificial obstacles)에 의하여 적의 관측(enemy observation)과 직사화기(direct fire weapon)로부터 보호되며 곡사화기(indirect fire weapon)로부터 부분적으로 보호되는 것. 은폐는 적의 관측으로부터는 보호가 되나 직사화기 사격으로부터는 보호받지 못하는 것을 말함.
avenue of approach(접근로): 특정규모의 부대를 목표(objective)에 도달시키거나 지역으로 유도하기 위한 공중 및 지상 경로(air and ground routes)

Troops and Support Available. Commanders assess the quantity, training level, and psychological state of friendly forces. The analysis includes the availability of critical systems and joint support. Commanders examine combat, combat support (CS), and CSS assets. These assets include contractors.

troop and support available 가용부대 및 지원, commander 지휘관, friendly force 우군부대, joint support 합동 지원, combat 전투, combat support(CS) 전투지원, CSS 전투근무지원

가용부대 및 지원. 지휘관은 우군부대의 수, 훈련수준, 심리 상태를 분석한다. 그 분석에는 주요 체계와 합동 지원의 가용성도 포함된다. 지휘관은 전투, 전투지원, 전투근무지원 자산을 검토한다. 민간 계약자들도 그 자산에 포함된다.

Time Available. Commanders assess the time available for planning, preparing, and executing the mission. They consider how friendly and enemy or adversary forces will use the time and the possible results. Proper use of the time available can fundamentally alter the situation. Time available is normally explicitly defined in terms of the tasks assigned to the unit and implicitly bounded by enemy or adversary capabilities.

time available 가용시간, planning 계획, preparing, and executing 준비 및 실시, friendly and enemy or adversary force 아군 및 적군 혹은 적대국 부대, alter the situation 상황을 변경하다, task assigned 부여된 과업, enemy or adversary capability 적 또는 적대국의 능력

가용시간. 지휘관은 임무를 계획하고, 준비하고, 실시하는데 필요한 가용시간을 평가한다. 지휘관은 아군과 적군 혹은 상대편 군이 어떻게 시간을 사용할 것인가와 가능성 있는 결과를 고려한다. 가용시간을 적절하게 사용함으로써 근본적으로 상황이 변경될 수 있다. 대개 가용시간은 부대에 부여된 과업에 의해 명시되며, 적 또는 상대편의 능력에 의해 묵시적으로 제한된다.

Civil Considerations. Civil considerations relate to civilian populations, culture, organizations, and leaders within the AO. Commanders consider the natural environment, to include cultural sites, in all operations directly or indirectly affecting civilian populations. Commanders include civilian political, economic, and information matters as well as more immediate civilian activities and attitudes.

civil consideration 민간고려요소, AO(area of operations) 작전지역, commander 지휘관, operations 작전

민간고려요소. 민간고려요소는 작전지역 내의 주민, 문화, 조직, 지도자와 관련이 있다. 지휘관은 직·간접적으로 주민에게 영향을 미치는 모든 작전에서 문화 유적지를 포함한 자연환경을 고려한다. 지휘관은 보다 직접적인 민간활동 및 태도뿐만 아니라 정치, 경제, 정보관련 문제도 고려한다.

At the operational level, civil considerations include the interaction between military operations and the other instruments of national power. Civil considerations at the tactical level generally focus on the immediate impact of civilians on the current operation; however, they also consider larger, long-term diplomatic, economic, and informational issues. Civil considerations can tax the resources of tactical commanders while shaping force activities. Civil considerations define missions to support civil authorities.

operational level 작전적 수준, military operations 군사작전, instruments of national power 국력의 수단, tactical level 전술적 수준, current operation 현행작전, tactical commander 전술제대 지휘관, mission 임무

작적전 수준에서 민간고려요소에는 군사작전과 다른 국력수단 간의 상호작용이 포함된다. 전술적 수준에서 민간고려요소는 일반적으로 현행작전에 즉각 영향을 미치는 민간인 관련 사항에 주안을 둔다. 그러나 장기적 외교, 경제, 정보 이슈 또한 고려된다. 민간고려요소는 부대활동 여건을 조성할 때 전술제대 지휘관의 자원 사용에 큰 부담을 줄 수 있다. 민간고려요소의 정의는 민간당국을 지원하는 것이다.

2 작전구상요소

A major operation begins with a design - an idea that guides the conduct (planning, preparation, execution, and assessment) of the operation. The operational design provides a conceptual linkage of ends, ways, and means. The elements of operational design are tools to aid designing major operations. They help commanders visualize the operation and shape their intent.

major operation 주력작전, planning 계획, preparation 준비, execution, and assessment 실시 및 평가, ends 목적, ways, and means 방법 및 수단, commander 지휘관, visualize the operation 작전을 가시화하다, shape intent 의도를 형성하다

주력작전은 작전수행(계획, 준비, 실시, 평가) 방향을 제공하는 작전구상과 더불어 시작된다. 작전구상으로 목적, 방법 및 수단의 개념적 연결이 제공된다. 작전구상요소는 주요작전을 구상하는데 도움이 되는 도구이다. 작전구상요소는 지휘관이 작전을 가시화하고 의도를 형성하는데 도움이 된다.

2-12 작전구상(operational design)

작전구상(operational design)은 임무수행에 대한 제반요소를 평가한 후 작전수행 복안을 수립하는 것으로서 지휘관의 계획지침(planning guidance)을 도출하기 위한 일련의 사고과정이며, 전 제대에서 임무수행 시 적용된다. 작전구상결과는 지휘관 계획지침으로 하달하여 전장을 가시화하게 되며, 참모는 이를 발전시켜 계획(plan) 및 명령(order)으로 구체화하여 군사작전이 실행된다.

The elements of operational design are most useful in visualizing major operations. They help clarify and refine the vision of operational-level commanders by providing a framework to describe operations in terms of task and purpose. They help commanders understand the complex combinations of combat power involved. However, their usefulness and applicability diminishes at each lower echelon. For example, senior tactical commanders must translate the operational commander's operational reach and culminating point into a limit of advance for ground forces. Decisive points become geographic or force-oriented objectives. Senior tactical commanders normally consider end state, decisive points and objectives, culminating point, simultaneous and sequential operations, linear and nonlinear operations, and tempo. However, their subordinates at the lowest tactical echelons may only consider objectives.

element of operational design 작전구상요소, major operations 주력작전, operational-level commander 작전제대 지휘관, task and purpose 과업과 목적, combat power 전투력, lower echelon 하위제대, senior tactical commander 전술제대 상급지휘관, operational commander 작전술제대 지휘관, operational reach 작전범위, culminating point 작전한계점, decisive point 결정적 지점, geographic objective 지형목표, force-oriented objective 병력이 지향해야할 목표, end state 최종상태, objective 목표, simultaneous and sequential operations 동시적·순차적 작전, linear and nonlinear operations 선형 및 비선형 작전, tempo 속도, subordinate 예하부대, lowest tactical echelon 최말단 전술제대

작전구상요소는 주력작전을 가시화하는데 가장 유용하다. 작전구상요소는 작전 과업과 목적을 기술하기 위한 하나의 틀을 제공함으로써 작전술제대의 지휘관이 비전을 명확히 제시하고 구체화하는데 도움이 된다. 작전구상요소는 지휘관이 복잡한 전투력 통합을 이해하는데 도움을 준다. 그러나 하위제대에서는 작전구상요소의 유용성과 적용은 줄어든다. 예를 들면 전술제대의 상급 지휘관은 작전술제대 지휘관의 작전범위와 작전

한계점을 지상부대의 전진한계로 해석해야 한다. 결정적 지점은 지형 또는 병력이 지향해야 할 목표가 되어야 한다. 전술제대 지휘관은 대개 최종상태, 결정적 지점, 목표, 작전한계점, 동시적·연속적 작전, 선형·비선형작전, 속도 등을 고려해야 한다. 그러나 최하 말단 전술제대에서 예하 부대는 단지 목표만을 고려해도 된다.

2-13 작전한계점(culminating point)

공격 또는 방어부대(attacking or defending forces)가 전투력(combat power)의 저하, 전투원(combatant)의 피로, 긴요 물자의 결핍 등으로 인해 더 이상 작전을 지속하기 어려운 상태 및 그 시기를 말하며 공격한계점과 방어한계점이 있다.

2-14 작전범위(operational reach)

군사역량을 성공적으로 운용할 수 있는 기간 및 거리.

2-15 비선형 전투(nonlinear battle)

피·아 화기의 사거리, 명중률 및 파괴력의 증대와 정보 및 지휘통제 능력의 발전으로 확대된 전장종심(depth of battlefield), 전·후방 동시전투(simultaneous combat)에 의한 일정한 전선이 없는 장차전의 전투양상.

2-16 결정적 지점(decisive point)

아군이 확보함으로써 임무완수에 현저한 이점을 제공하고 작전의 결과에 결정적인 영향을 미칠 수 있는 지점으로, 임무를 종결하고 성공의 효과를 확대하는데 지배적인 요지, 적을 포획 및 차단할 수 있는 지점, 적의 공격을 저지하거나 중요자원을 보호 및 지탱하는 지점, 적의 방어진지상 취약지점 등으로 통상 도로의 견부, 교통의 요충지 등의 지형지물이 선정되나 적 지휘소(enemy command post), 적 부대(enemy force) 또는 통신시설(communication facility) 등도 포함될 수 있다.

최종상태

End State and Military Conditions. At the strategic level, the end state is what the National Command Authorities want the situation to be when operations conclude. It marks the point when military force is no longer the principal strategic means. At the operational and tactical levels, the end state is the conditions that, when achieved, accomplish the mission. At the operational level, these conditions attain the aims set for the campaign or major operation.

end state 최종상태, strategic level 전략적 수준, national command authority(NCA) 국가통수기구, strategic means 전략적 수단, operational and tactical level 작전적 및 전술적 수준, mission 임무, campaign or major operation 전역 혹은 주력작전

최종상태와 군사적 조건. 전략적 수준에서 최종상태는 '국가통수기구가 작전이 종료되었을 때 어떤 상태가 되었으면 좋겠다.'라는 것이다. 이는 군사력이 더 이상 주요한 전략적 수단이 아닌 시점을 나타낸다. 작전적·전술적 수준에서 최종상태가 달성되었을 때의 최종상태는 임무를 완수한 상태가 된다. 작전적 수준에서 최종상태는 전역 또는 주력작전을 위해 설정된 목적을 달성한 상태가 된다.

중심

Center of Gravity. Centers of gravity are those characteristics, capabilities, or localities from which a military force derives its freedom of action, physical strength, or will to fight. Destruction or neutralization of the enemy center of gravity is the most direct path to victory. The enemy will recognize and shield his center of gravity. Therefore, a direct approach may be costly and sometimes futile. Commanders examine many approaches, direct and indirect, to the enemy center of gravity.

center of gravity 중심, freedom of action 행동의 자유, physical strength 물리적 힘(유형 전투력), will to fight 전투의지, destruction 격멸, neutralization 무력화

중심. 중심은 부대가 행동의 자유와 유형 전투력(물리적 힘), 전투의지를 창출하는 특성, 능력 혹은 근원지를 의미한다. 적의 중심을 격멸하거나 무력화하는 것은 승리에 도달하는 가장 직접적인 경로이다. 적은 자신의 중심을 인식하고 보호할 것이다. 그러므로 직접적인 접근은 값비싼 대가를 치러야할지도 모르며 때로는 전혀 소용이 없을 수도 있다. 따라서 지휘관은 적의 중심으로 접근하는 직·간접적 여러 접근을 모색해야 한다.

2-17 무력화(neutralization)
약 10% 이상의 피해를 입혀 일시적으로 표적의 활동을 둔화시키는 것으로 대부분의 임무는 무력화를 위한 화력지원으로 계획된다. 포병사격과 관련될 시에는 제압이란 말과 동의어이다.

2-18 격멸(destruction)

적의 인원 및 장비를 사살, 파괴 또는 포획하여 영구적으로 전투 불가능한 상태로 만드는 것.

The center of gravity is a vital analytical tool in the design of campaigns and major operations. Once identified, it becomes the focus of the commander's intent and operational design. Senior commanders describe the center of gravity in military terms, such as objectives and missions.

design of campaign and major operation 전역과 주력작전 구상, **focus of the commander's intent and operational design** 지휘관 의도와 작전구상의 중점, **senior commander** 상급제대 지휘관, **objective and mission** 목표와 임무

중심은 전역 및 주력작전을 구상하는데 중요한 분석 도구이다. 일단 (적의) 중심이 식별되면 그것은 지휘관의 의도와 작전구상의 중점이 된다. 상급 지휘관은 목표나 임무와 같은 군사용어로 중심을 기술한다.

Commanders not only consider the enemy center of gravity, but also identify and protect their own center of gravity. During the Gulf War, for example, US Central Command identified the coalition itself as the friendly center of gravity. The combatant commander took measures to protect it, including deployment of theater missile defense systems.

US Central Command(USCENTCOM) 미 중부사령부, **coalition** 동맹, **friendly center of gravity** 아군의 중심, **combatant commander** 통합군 지휘관, **deployment of theater missile defense system** 전구 미사일 방어체계의 전개

지휘관은 적의 중심을 고려할 뿐만 아니라 아군의 중심을 확인하고 보호해야 한다. 예를 들면 걸프전 동안 미 중부사령부는 동맹 그 자체를 연합군의 중심으로 식별하였다. 통합군지휘관은 전구 미사일 방어체계의 전개를 포함한 (아군의) 중심을 보호하기 위한 대책을 마련하였다.

결정적 지점

Decisive Points and Objectives. A decisive point is a geographic place, specific key event, or enabling system that allows commanders to gain a marked advantage over an enemy and greatly influence the outcome of an attack. Decisive points are not centers of gravity; they are keys to attacking or protecting them. Normally, a situation presents more decisive points than the force can control, destroy, or neutralize with available resources. Part of operational art consists of selecting the decisive points that will most quickly and efficiently overcome the enemy center of gravity. Decisive points shape operational design and allow commanders to select objectives that are clearly defined, decisive, and attainable.

decisive point and objective 결정적 지점과 목표, marked advantage 현저한 이점, outcome of an attack 공격의 결과, center of gravity 중심, control 통제하다, destroy 격멸하다, neutralize 무력화하다, operational design 작전구상

결정적 지점과 목표. 결정적 지점은 지휘관이 적에 대해 현저한 이점을 얻고 공격의 결과에 크게 영향을 미치도록 허용하는 지형적 위치, 특정 주요사건 혹은 여건보장 체계 등을 의미한다. 결정적 지점은 중심은 아니며 중심을 공격하거나 보호하는 핵심이다. 대개 어떤 상황에서는 가용자원으로 부대가 통제, 격멸 혹은 무력화할 수 있는 것보다 더 결정적인 지점이 부여된한다. 작전술 분야는 가장 신속하면서도 효율적으로 적의 중심을 극복할 결정적 지점을 선택하는 것이다. 결정적 지점은 작전구상을 형성하고, 지휘관으로 하여금 분명하게 정의되고, 결정적이며, 달성가능한 목표를 선택하게 한다.

작전선

Lines of Operations. Lines of operations define the directional orientation of the force in time and space in relation to the enemy. They connect the force with its base of operations and its objectives. In geographic terms, lines of operations connect a series of decisive points that lead to control of the objective or defeat of the enemy force.

lines of operations 작전선, directional orientation 지향방향, base of operation 작전기지, control of the objective 목표의 통제, defeat of the enemy force 적부대 격멸

작전선. 작전선은 적과 관련해서 부대의 시·공간적 측면에서의 지향방향을 규정한다. 작전선을 통해 부대가 작전기지와 목표에 연결된다. 지형적 의미에서 목표 통제 혹은 적 부대 격멸에 이르는 일련의 결정적인 지점들이 작전선을 통해 연결된다.

An operation may have single or multiple lines of operation. A single line of operations concentrates forces and simplifies planning. Multiple lines of operations increase flexibility and create several opportunities for success. Multiple lines of operations make it difficult for an enemy to determine the friendly objectives and force him to disperse resources against several possible threats. The strategic responsiveness and tactical agility of Army forces create opportunities for simultaneous operations along multiple lines of operations.

single or multiple lines of operation 단일 혹은 다수의 작전선, flexibility 융통성, friendly objective 아군 목표, disperse resource 자원을 분산시키다, possible threat 가능한 위협, strategic responsiveness and tactical agility of Army force 지상군의 전략적 대응성과 전술적 민첩성

하나의 작전은 단일 또는 다수의 작전선을 가질 수 있다. 단일 작전선은 부대를 집중시키고 계획을 간명하게 한다. 다수의 작전선은 융통성을 증대시키고 승리를 위한 여러 기회를 조성한다. 다수의 작전선은 적이 아군에 대한 목표를 결정하기 어렵게 만들며, 적으로 하여금 다수의 가능한 위협에 자원을 분산하도록 강요한다. 지상군의 전략적 대응성과 전술적 민첩성을 통해 다수의 작전선을 따라 동시작전 기회가 창출된다.

Lines of operations may be either interior or exterior. (See Figure 2-2) A force operates on interior lines when its operations diverge from a central point. With interior lines, friendly forces are closer to separate enemy forces than the enemy forces are to each other. Interior lines allow a weaker force to mass combat power against a portion of the enemy force by shifting resources more rapidly than the enemy. A force operates on exterior lines when its operations converge on the enemy. Operations on exterior lines offer the opportunity to encircle and annihilate a weaker or less mobile enemy; however, they require stronger or more mobile forces.

interior line 내선, **central point** 중심점, **friendly force** 아군부대, **mass combat power** 전투력을
집중하다, **exterior line** 외선, **encircle** 전면포위하다, **annihilate** 섬멸하다

작전선은 내선일 수도 있고 외선일 수도 있다. (그림 2-2 참조) 내선작전은 한 중심
점으로부터 외부로 작전을 실시하는 것을 의미한다. 내선 안에서 우군 부대는 적 부대
간의 간격보다 더욱 가까이 접근하여 적을 분리시킨다. 내선작전은 상대적으로 더 약
한 부대가 신속하게 자원을 이동시킴으로써 적에 대항하여 전투력을 집중할 수 있게
한다. 외선작전은 부대가 적을 향해 작전을 집중하는 것을 의미한다. 외선작전은 아군
에 비해 상대적으로 약하거나 또는 기동성이 낮은 적을 전면포위 및 섬멸할 수 있는
기회를 제공한다. 그러나 외선작전에는 적보다 더 강하고 기동성이 있는 부대가 요구
된다.

2-19 내선작전(operations on interior lines)
　　신속한 기동(maneuver), 집중(mass) 및 분산(dispersion)의 이점을 획득하고 양호
한 통신, 짧은 병참선(line of communications)을 이용하여 외부로부터 포위
(envelopment)태세로 전진해 오는 적과 대적하고 하는 작전.

2-20 외선작전(operations on exterior lines)
　　내부에서 외부를 향해 작전하는 적에 대하여 후방 병참선을 외부에 유지하면서 여
러 방향으로부터 구심적으로 이루어지는 작전. ② 적의 외부에 작전선(lines of
operations)을 구성하여 광범위한 포위로 언제든지 공세(offense)를 취할 수 있는
작전.

| 그림 2-2 | 내선작전과 외선작전

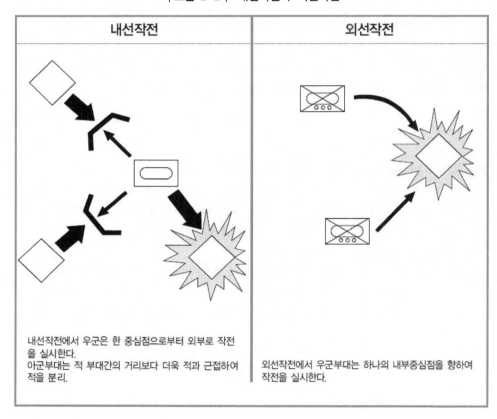

내선작전	외선작전
내선작전에서 우군은 한 중심점으로부터 외부로 작전을 실시한다. 아군부대는 적 부대간의 거리보다 더욱 적과 근접하여 적을 분리.	외선작전에서 우군부대는 하나의 내부중심점을 향하여 작전을 실시한다.

작전속도

Tempo. Tempo is the rate of military action. Controlling or altering that rate is necessary to retain the initiative. Army forces adjust tempo to maximize friendly capabilities. Commanders consider the timing of the effects achieved rather than the chronological application of combat power or capabilities. Tempo has military significance only in relative terms. When the sustained friendly tempo exceeds the enemy's ability to react, friendly forces can maintain the initiative and have a marked advantage.

tempo 작전속도, rate of military action 군사행동의 속도, initiative 주도권, friendly capability 우군 능력,commander 지휘관, chronological application of combat power or capability 전투력과 능력의 순차적인 적용, military significance 군사적 중요성, enemy's ability to react 적의 대응능력, marked advantage 현저한 이점

작전속도. 작전속도는 군사행동의 속도이다. 주도권을 유지하기 위해서 군사행동의 속도를 통제하고 조정하는 것이 필요하다. 지상부대는 아군의 능력을 극대화하기 위해 속도를 조절한다. 지휘관은 전투력 또는 능력의 순차적 적용보다는 달성된 효과의 적시성을 고려해야 한다. 속도는 상대적인 의미에서 군사적 중요성을 가지고 있다. 아군의 작전속도가 적의 대응능력을 능가할 때 아군은 주도권을 유지하고 현저한 이점을 얻을 수 있다.

Commanders complement rapid tempo with three related concepts. First, operational design stresses simultaneous operations rather than a deliberate sequence of operations. Second, an operation may achieve rapid tempo by avoiding needless combat. This includes bypassing resistance that appears at times and places commanders do not consider decisive. Third, the design gives maximum latitude to independent action and initiative by subordinate commanders.

operational design 작전구상, simultaneous operations 동시작전, sequence of operations 순차 작전, needless combat 불필요한 작전, maximum latitude 최대의 자유, independent action 독단 행동, initiative 주도권, subordinate commander 예하 지휘관

지휘관은 관련된 세 가지 개념으로 신속한 작전속도를 보완한다. 첫째, 작전구상 시 정밀한 순차작전보다는 동시작전이 강조되어야 한다. 둘째, 불필요한 전투를 피함으로써 신속한 작전속도를 달성할 수 있다. 이는 지휘관이 결정적이라고 생각하지 않는 시간과 장소에서는 전투를 회피하는 것을 포함한다. 셋째, 작전구상 시 예하 지휘관의 독단행동과 주도권에 최대한의 자유가 부여되어야 한다.

작전한계점

Culminating Point. In the offense, the culminating point is that point in time and space where the attacker's effective combat power no longer exceeds the defender's or the attacker's momentum is no longer sustainable, or both. Beyond their culminating point, attackers risk counterattack and catastrophic defeat and continue the offense only at great peril. Defending forces reach their culminating point when they can no longer defend successfully or counterattack to restore the cohesion of the defense. The defensive culminating point marks that instant at which the defender must withdraw to preserve the force. Commanders tailor their information requirements to anticipate culmination early enough to either avoid it or, if avoiding it is not possible, place the force in the strongest possible posture.

culminating point 작전한계점, offense 공격하다, combat power 전투력, momentum 기세, counterattack 역습, defend 방어하다, cohesion of the defense 방어의 응집성, preserve the force 부대를 보존하다, information requirement 첩보요구

작전한계점. 공격작전에서 작전한계점은 공자의 효과적인 전투력이 더 이상 방자의 전투력을 능가할 수 없거나 또는 공자의 기세가 더 이상 지탱될 수 없을 경우 또는 두 가지 모두의 경우이다. 작전한계점을 넘어서게 되면 공자는 역습과 치명적인 패배의 위험에 처하게 되며, 대단한 위험 속에서만 공격을 계속할 수 있다. 방어부대는 방어의 응집력을 회복하기 위해 더 이상 성공적으로 방어 또는 역습을 할 수 없을 때에 작전한계점에 도달한다. 방어의 작전한계점은 방자가 부대를 보전하기 위해 철수를 해야만 하는 순간을 나타낸다. 지휘관은 작전한계점을 피하거나 그것이 불가능할 경우에는 부대가 최고의 대비태세를 갖출 수 있도록 첩보요구를 조정한다.

2-21 역습(counterattack)

방어작전 간 공격중인 적의 노출된 약점과 과오를 이용, 기습적인 공세행동 (offensive action)을 실시하여 돌파구내의 적 부대를 격멸하거나(destroy enemy force) 상실된 방어진지를 회복함으로써(restore battle position) 작전의 주도권을 장악하기(seize operational initiative) 위하여 실시하는 제한된 공격작전(limited offensive operations)으로서 역습은 공격하는 적 부대의 약점과 과오가 노출되었을 때 임무, 적 상황, 지형 및 기상, 가용부대 및 시간, 민간인 고려 요소(METT+TC) 등을 고려하여 배치 또는 집결 보유된 예비대와 방어실시간 적 위협이 없거나 경미한 축선에 배치된 부대를 이용하여 측방에서 기습적으로 실시하는 것이 효과적임.

2-22 첩보요구(information requirement)

지휘관(commander)의 정보요구(intelligence requirement)를 충족시키기 위하여 수집되고 처리되어야 할 필요성이 있는 적(enemy)과 환경(environment)에 관한 첩보사항.

2-23 우선정보요구(priority intelligence requirement, PIR)

지휘관이 부여된 임무수행을 위해 가장 시급하고 우선적으로 요구되는 정보로서 계획수립(planning)과 결심수립(decision making에 지배적인 요소가 되는 적 능력 및 전장환경과 관련되는 정보사항임.

3 (작전을) 기술(記述)하라
Describe

To describe operations, commanders use operational framework and elements of operational design to relate decisive, shaping, and sustaining operations to time and space. In all operations, purpose and time determine the allocation of space. Commanders clarify their description, as circumstances require. They emphasize how the combination of decisive, shaping, and sustaining operations relates to accomplishing the purpose of the overall operation. When appropriate, commanders include deep, close, and rear areas in the battlefield organization. Whether commanders envision linear or nonlinear operations, combining the operational framework with the elements of operational design provides a flexible tool to describe actions. Commanders describe their vision in their commander's intent and planning guidance, using terms suited to the nature of the mission and their experience.

operations 작전, commander 지휘관, operational framework 작전구조, element of operational design 작전구상 요소, decisive operations 결정적 작전, shaping operations 여건조성 작전, sustaining operations 전투력지속작전, purpose and time 목적과 시간, allocation of space 공간 할당, purpose of the overall operation 전반적인 작전목적, deep, close, and rear area 종심, 근접 및 후방지역, battlefield organization 전장편성, linear or nonlinear operations 선형 또는 비선형 작전, commander's intent 지휘관 의도, planning guidance 계획지침, nature of the mission 임무의 속성

작전을 기술하기 위해 지휘관은 결정적작전, 여건조성 및 전투력지속작전을 시간과 공간으로 연결시키기 위하여 작전구조와 작전구상요소를 사용한다. 모든 작전에서 작전목적과 시간으로 공간 할당이 결정된다. 지휘관은 상황에 따라 지휘관의 기술사항(지휘관 의도와 계획지침)을 명확하게 한다. 지휘관은 결정적작전, 여건조성작전 및 전투력지속작전의 통합이 전체 작전의 목적을 달성하는데 어떤 관련성을 갖고 있는지를 강조해야 한다. 적절하다면 지휘관은 종심, 근접, 후방지역으로 전장편성을 한다. 지휘관이 선형작전을 구상하든 비선형작전을 구상하든 작전구조와 작전구상요소의 통합은 (부대)행동을 기술하기 위한 융통성 있는 도구를 제공한다. 지휘관은 임무의 속성과 자신의 경험에 적합한 용어를 사용하여 지휘관의 비전을 지휘관 의도와 계획지침으로 기술한다.

2-24 지휘관 의도(commander's intent)

작전목적을 간결하게 나타내고 요구종결 조건에 대한 설명 및 한 조건의 사태가 장차 작전(future operations)으로 전환을 용이하게 하는 방법에 대한 지휘관의 명확하고 간결한 진술임.

2-25 계획지침(planning guidance)

지휘관이 불확실한 전장 상황 하에서 참모들의 노력을 통합시키고 판단 및 준비하거나 수정 시 시간을 절약하기 위하여 지휘관의 복안을 제시하는 것으로서 임무분석(mission analysis) 결과를 기초로 발전시킨 지휘관의 지침임.

1 지휘관 의도

Commanders express their vision as the commander's intent. The staff and subordinates measure the plans and orders that transform thought to action against it. The commander's intent is a clear, concise statement of what the force must do and the conditions the force must meet to succeed with respect to the enemy, terrain, and the desired end state. Commanders make their own independent, and sometimes intuitive, assessment of how they intend to win. The final expression of intent comes from commanders personally.

commander's intent 지휘관의 의도, **staff and subordinate** 참모와 예하부대(부하), **plan and order** 계획과 명령, **statement** 전술, **enemy** 적, **terrain** 지형, **desired end state** 요망되는 최종상태

지휘관은 자신의 비전을 지휘관 의도로 표현한다. 참모 및 예하 부대는 지휘관 의도에 따라 사고를 행동으로 전환시키는 계획과 명령을 준비한다. 지휘관 의도는 부대가 반드시 수행해야 하는 것과 부대가 승리하기 위하여 적, 지형, 요망되는 최종상태에 대해 반드시 충족해야하는 조건에 관한 명확하고 간결한 진술이다. 지휘관은 어떻게 싸워 이길 것인가에 대해 독자적이며 때로는 직관적인 평가를 해야 한다. 지휘관 의도의 최종인 표현은 지휘관 개인으로부터 나온다.

2-26 계획(plan)과 명령(order)

계획에는 가정(assumption)을 포함하고 있으나 명령은 가정을 포함하지 않는다. 명령에는 전투명령(combat order)과 행정명령(administrative order)이 있다. 전투명령에는 지시(directive), 작전명령(OPORD), 단편명령(FRAGO), 준비명령(earming order), 전투근무지원명령(CSS order) 예규(SOP)등이 있다. 행정명령에는 일반명령, 인사명령, 일일명령, 각서, 회보, 회장, 규정, 군사법원명령 등이 있다.

Intent, coupled with mission, directs subordinates toward mission accomplishment in the absence of orders. When significant opportunities appear, subordinates use the commander's intent to orient their efforts. Intent includes the conditions that forces meet to achieve the end state. Conditions apply to all courses of action. They include the tempo, duration, effect on the enemy, effect on another friendly force operation, and key terrain.

coupled with mission 임무와 연관하여, **subordinate** 예하부대(부하) **mission accomplishment** 임무완수, **order** 명령, **commander's intent** 지휘관 의도, **end state** 최종상태, **courses of action(COA)** 방책, **tempo** 속도, **duration**(작전지속)기간, **effect on the enemy** 적에 미치는 영향, **friendly force operation** 아군작전, **key terrain** 주요지형

임무와 관련하여 (지휘관) 의도는 명령이 없을 경우에 예하 부대들이 임무를 달성하도록 방향을 제시한다. 중요한 기회가 왔을 때 예하 부대는 노력의 방향을 정하기 위하여 지휘관 의도를 이용한다. (지휘관)의도는 부대가 최종상태를 달성하기 위해 충족시켜야 하는 조건을 포함한다. 그 조건은 모든 방책에 적용된다. 그 조건은 속도, (작전지속) 기간, 적에게 미칠 영향, 다른 아군부대의 작전에 미칠 영향, 주요지형 등이다.

2-27 방책(course of action, COA)

임무 또는 과업을 완수하기 위하여 채택된 방안으로서 개인이나 부대가 수행해야 될 일련의 행동 또는 예하 지휘관이 수행하게 될 임무완수에 관련된 방안.

2 계획지침

From the vision, commanders develop and issue planning guidance. Planning guidance may be either broad or detailed, as circumstances dictate. However, it conveys the essence of the commander's vision. Commanders use their experience and judgment to add depth and clarity to their planning guidance. Commanders attune the staff to the broad outline of their vision, while still permitting latitude for the staff to explore different options.

planning guidance 계획지침, broad or detailed 광범위한 혹은 세부적인, essence of the commander's vision 지휘관 비전의 본질, experience and judgment 경험과 판단, depth and clarity 깊이와 명확성, attune A to B A를 B에 일치시키다, latitude (견해, 의견 사상 등의) 자유범위

비전을 통해 지휘관은 계획지침을 발전시키고 하달한다. 계획지침은 상황에 따라 포괄적일 수도 있고 세부적일 수도 있다. 하지만 계획지침으로 지휘관의 비전의 본질이 전달되어야 한다. 지휘관은 자신의 계획지침에 깊이와 명확성을 더하기 위해 지휘관 자신의 경험과 판단을 이용한다. 지휘관은 참모들이 다양한 선택을 검토하도록 재량권을 허용하는 한편, 광범위한 지휘관 자신의 비전에 참모들을 일치시켜야 한다.

4 (작전을) 감독하라
Direct

Armed with a coherent and focused intent, commanders and staffs develop the concept of operations and synchronize the BOS. The BOS are the physical means (soldiers, organizations, and equipment) used to accomplish the mission. The BOS group related systems together according to battlefield use.

intent 의도, commander and staff 지휘관 및 참모, concept of operations 작전개념, BOS 전장운 영체계, battlefield use 전장의 용도

일관성 있고 명확한 의도를 가지고 지휘관 및 참모는 작전개념을 발전시키고 전장운영 체계를 동시화하고 통합하여야 한다. 전장운영체계는 임무를 달성하기 위해 사용되는 병력, 조직 및 장비 등과 같은 물리적 수단이다. 전장운영체계는 전장 용도에 맞게 관 련체계를 배합한다.

2-28 전장운영체계(BOS)

정보(intelligence), 기동(maneuver), 화력지원(fire support), 방공(air defense), 기동/대기동/ 생존성(mobility/countermobility/survivability), 전투근무지원(combat service support), 지휘 및 통제(command and control)

---

1 정보

The intelligence system plans, directs, collects, processes, produces, and disseminates intelligence on the threat and environment to perform intelligence preparation of the battlefield (IPB) and the other intelligence tasks. A critical part of IPB involves collaborative, cross-BOS analysis across echelons and between analytic elements of a command. The other intelligence tasks are -

- Situation development.
- Target development and support to targeting.
- Indications and warning.

- Intelligence support to battle damage assessment.
- Intelligence support to force protection.

Intelligence is developed as a part of a continuous process and is fundamental to all Army operations.

intelligence system 정보체계, disseminate 전파하다, intelligence preparation of the battlefield(IPB) 전장정보분석, intelligence task 정보과업, collaborative 협력적인, echelon 제대, battle damage assessment 전투피해평가 force protection 방호

정보체계를 통하여 전장정보 분석과 기타 정보 과업을 수행하기 위하여 위협 및 환경에 대한 정보가 계획, 지시, 수집, 처리, 생산 및 전파된다. 전장정보분석의 핵심부분에는 전 제대와 개별부대간의 총체적이고 상호 교차되는 전장운영체계 분석이 포함된다. 기타 정보과업은 다음과 같다.

- 상황식별
- 표적식별 및 표적처리 지원
- 징후(식별) 및 경고
- 전투피해평가에 대한 정보지원
- 부대방호에 대한

정보는 지속적인 과정의 일부로서 발전되며 모든 지상군 작전의 근간이다.

2-29 전장정보분석(intelligence preparation of the battlefield (IPB)
장차 어떤 부대가 작전을 하게 될 예상지역에 대해 적(enemy), 기상(weather) 및 지형(terrain)에 광범위한 자료를 수집하고 이 자료를 정밀 분석하여 작전에 미치는 영향을 판단한 자료를 수집하고 이 자료를 정밀 분석하여 작전에 미치는 영향을 판단하는 분석기법으로 계속적인 과정이다.

2 기동

Maneuver systems move to gain positions of advantage against enemy forces. Infantry, armor, cavalry, and aviation forces are organized, trained, and equipped primarily for maneuver. Commanders maneuver these forces to create conditions for tactical and operational success. By maneuver, friendly forces gain the ability to destroy enemy forces or hinder enemy movement by direct and indirect application of firepower, or threat of its application.

maneuver system 기동체계, position of advantage 유리한 위치, infantry 보병, armor 기갑, cavalry 기갑수색, aviation 육군항공, tactical and operational success 전술적 및 작전적 성공, destroy enemy force 적 부대를 격멸하다, hinder enemy movement 적 이동을 방해하다, direct and indirect application of firepower 직·간접 화력의 사용

기동체계는 유리한 위치를 차지하기 위하여 적에 대항하여 이동하는 것이다. 보병, 기갑, 기갑수색, 육군항공부대는 주로 기동을 위해 조직되고 훈련되며 무장된다. 지휘관은 전술적·작전적 승리를 위한 여건을 만들기 위해 이와 같은 부대를 기동시킨다. 아군부대는 기동으로 적 부대를 격멸하거나 직·간접화력을 사용하거나 사용한다고 위협함으로써 적의 이동을 방해한다.

3 화력지원

Fire support consists of fires that directly support land, maritime, amphibious, and special operations forces in engaging enemy forces, combat formations, and facilities in pursuit of tactical and operational objectives. Fire support integrates and synchronizes fires and effects to delay, disrupt, or destroy enemy forces, systems, and facilities. The fire support system includes the collective and coordinated use of target acquisition data, indirect-fire weapons, fixed-wing aircraft, electronic warfare, and other lethal and nonlethal means to attack targets. At the operational level, maneuver and fires may be complementary in design, but distinct in objective and means.

fire support 화력지원, land, maritime, amphibious, and special operations forces 지상, 해상, 상륙 및 특수작전 부대, enemy force 적 부대, combat formation 전투대형, facility 시설, tactical and operational objective 전술적 작전적 목표, delay 지연하다, disrupt 와해하다, destroy 격멸하다, target acquisition data 표적획득 제원, indirect-fire weapon 간접화기, fixed-wing aircraft 고정익 항공기, electronic warfare 전자전, operational level 작전적 수준, maneuver and fires 기동과 화력, objective and means 목표와 수단

화력지원은 전술적·작전적 목표를 추구할 목적으로 교전 시 적 부대, 전투대형, 시설에 대해 지상, 해상, 상륙 및 특수전 부대를 직접적으로 지원하는 화력으로 구성된다. 화력지원은 적 부대, 체계 및 시설을 지연, 와해 혹은 격멸하기 위하여 화력과 효과를 통합하고 동시화한다. 화력지원체계에는 통합적이고 협조된 표적획득 제원의 사용, 간접화기, 고정익 항공기, 전자전 및 기타 표적을 공격하기 위한 치명적·비치명적 수단들이 포함된다. 작전적 차원에서 기동과 화력은 작전구상 면에서 상호 보완적일 수도 있으나, 목표와 수단 면에서 뚜렷한 차이가 있다.

2-30 지연하다(delay)

부대가 기동의 자유(freedom of maneuver)를 잃지 않고 또 적의 기습적인 침투(surprising infiltration)나 우회(bypass)를 허용하지 않고 공간(space)을 양보하면서 시간을 획득하기 위하여 부여되는 임무로서, 지연부대(delaying force)는 임무수행을 위하여 공격(attack), 방어(defense), 매복(ambush), 습격(raid) 또는 기타 전술을 사용한다. 지연전을 delaying action 혹은 delaying operation이라 한다.

2-31 와해하다(disrupt)

적이 기능을 분리, 방해 혹은 저지하는 것으로서, 예를 들면 적의 역습능력(counterattack capability)을 와해하는 것을 원할 수도 있으며, 이를 완수하기 위하여 공격지침은 적의 역습능력에 필수적인 특정기동, 화력지원 혹은 지휘통제 표적에 대한 제압(suppression), 무력화(neutralization) 혹은 파괴(destruction)를 지시할 수도 있음.

2-32 격멸하다(destroy)

적의 인원 및 장비를 사살, 파괴 또는 포획하여 영구적으로 전투불가능 상태로 만드는 것.

2-33 제압(suppression)

일시적으로 적이 고개를 들지 못하도록 하여 일시적으로 적 활동을 중단시키는 것.

2-34 무력화(neutralization)

10% 이상의 피해를 입혀 일시적으로 표적의 활동을 둔화시키는 것.

2-35 파괴(destruction)

50% 이상의 피해를 입혀 적의 작전을 포기하게 하는 것으로 세 가지 용어는 포병이 화력요청 시 화력의 효과를 언급할 때 사용한다.

4 방공

The air defense system protects the force from air and missile attack and aerial surveillance. It prevents enemies from interdicting friendly forces while freeing commanders to synchronize maneuver and firepower. All members of the combined arms team perform air defense tasks; however, ground-based air defense artillery units execute most Army air defense operations. These units protect deployed forces and critical assets from observation and attack by enemy aircraft, missiles, and unmanned aerial vehicles. The WMD threat and proliferation of missile technology increase the importance of the air defense system. Theater missile defense is crucial at the operational level.

air defense system 방공체계, air and missile attack 공중 및 미사일 공격, aerial surveillance 항공 감시, interdicting friendly force 우군부대를 차단하다, synchronize maneuver and firepower 기동과 화력을 동시통합하다, combined arms team 제병협동팀, air defense artillery(ADA) 방공포병, deployed force 전개된 부대, observation and attack 관측과 공격, enemy aircraft 적 항공기, unmanned aerial vehicles(UAV) 무인항공기, WMD(weapons of mass destruction) 대량살상무기, operational level 작전수준

방공체계는 공중 및 미사일 공격과 항공감시로부터 부대를 방호한다. 방공체계는 지휘관이 기동 및 화력을 동시통합하는 것을 자유롭게 하는 반면, 적으로 하여금 우군부대를 차단하지 못하도록 한다. 제병협동팀의 모든 구성원들은 방공과업(임무)을 수행한다. 그러나 지상에서 운용되는 방공포병 부대들은 대부분 지상방공작전을 수행한다. 이러한 부대들은 적 항공기, 미사일, 무인항공기에 의한 관측과 공격으로부터 전개한 부대 및 중요 자산을 보호한다. 대량살상무기의 위협과 미사일기술의 확산으로 방공체계의 중요성이 증대되고 있다. 따라서 작전적 수준에서 전구미사일방어는 매우 중요하다.

5 기동성/대기동성/생존성

Mobility operations preserve friendly force freedom of maneuver. Mobility missions include breaching obstacles, increasing battlefield circulation, improving or building roads, providing bridge and raft support, and identifying routes around contaminated areas. Countermobility denies mobility to enemy forces. It limits the maneuver of enemy forces and enhances the effectiveness of fires. Countermobility missions include obstacle building and smoke generation. Survivability operations protect friendly forces from the effects of enemy weapons systems and from natural occurrences. Hardening of facilities and fortification of battle positions are active survivability measures. Military deception, OPSEC, and dispersion can also increase survivability. NBC defense measures are essential survivability tasks.

mobility 기동성, friendly force freedom of maneuver 우군기동의 자유, breaching obstacle 장애물 돌파, battlefield circulation 전장순환, bridge and raft support 교량 및 부교지원, contaminated area 오염지역, countermobility 대기동, enemy force 적 부대, maneuver of enemy force 적부대의 기동, effectiveness of fire 화력의 효과, obstacle building 장애물 구축, smoke generation 연막생성, survivability 생존성, effects of enemy weapon system 적 무기체계의 효과, natural occurrence 자연재해, facility 시설, fortification of battle position 전투진지의 축성, survivability measures 생존성 대책, military deception 군사기만, OPSEC(operational security) 작전보안, dispersion 소산, NBC(nuclear, biological, chemical) defense measures 화생방 방어대책

기동성은 아군부대의 기동의 자유를 보존한다. 기동성에는 장애물 돌파, 전장순환 증대, 도로 개선 또는 건설, 교량 및 부교 지원 제공, 오염지역 통로 식별 등이 포함된다. 대기동성은 적 부대의 이동을 거부하는 것이다. 대기동성은 적의 기동을 제한하고 화력의 효율성을 증진시킨다. 대기동성에는 장애물 구축과 연막생성 등이 포함된다. 생존성은 적 무기체계의 효과 및 자연재해로부터 우군부대를 보호하는 것이다. 시설보강과 전투진지의 축성은 적극적인 생존성 대책이다. 군사기만, 작전보안 및 소산 역시 생존성을 증대시킬 수 있다. 화생방 방어 대책은 필수적인 생존성 과업이다.

2-36 전장순환통제(battlefield circulation control)

기동로(maneuver route), 보급로(supply route)의 원활한 소통을 보장하기 위하여 전투지대(combat zone)에서 발생하는 장애요소를 제거하거나 극복하기 위한 제반 활동으로 교통 및 도로 통제수단과 교통통제(traffic control)를 위한 이동관리기구 (movement management organization) 운영, 민·관·군 협조체제 유지 등 교통통제를 위한 전투 및 전투지원부대활동(combat and combat service support activity)과 협조기관의 운영을 말함.

2-37 작전보안(operations security, OPSEC)

아군의 부대활동과 기도를 적이 탐지하지 못하게 하는 제반수단으로서 아군의 부대 활동 통제(control friendly force's activity), 방첩(counterintelligence, CI), 기만 (deception) 등이 포함됨.

2-38 방첩(counterintelligence, CI)

유해한 외국 첩보활동의 효력을 무효화하고 아군 정보 및 개인을 간첩행위와 파멸 로부터 보호하며 시설이나 물자를 태업, 파손으로부터 보호하기 위하여 수행되는 모든 보안통제 방책에 관한 활동.

6 전투근무지원

CSS includes many technical specialties and functional activities. It includes the use of host nation infrastructure and contracted support. CSS provides the physical means for forces to operate, from the production base and replacement centers to soldiers engaged in close combat. It is present across the range of military operations, at all levels of war.

CSS(combat servise support) 전투근무지원, technical specialty 기술적 전문성, functional activity 기능적 활동, host nation 주둔국, physical means 물리적 수단, production base 생산기지, replacement center 보충대, close combat 근접전투, military operations 군사작전, level of war 전쟁 수준

전투근무지원에는 많은 기술적 전문성과 기능적 활동 등이 포함된다. 전투근무지원에는 주둔국 기반시설과 계약지원 등도 포함된다. 전투근무지원은 생산기지와 보충대로부터 근접전투에 참여한 병력들에 이르기까지 부대운용을 위한 물리적 수단을 제공한다. 전투근무지원은 군사작전의 전 범위와 모든 전쟁의 수준에서 이루어진다.

7 지휘통제

Command and control has two components - the commander and the C2 system. Communications systems, intelligence systems, and computer networks form the backbone of C2 systems and allow commanders to lead from any point on the battlefield. The C2 system supports the commander's ability to make informed decisions, delegate authority, and synchronize the BOS. Moreover, the C2 system supports the ability of commanders to adjust plans for future operations, even while focusing on the current fight. Staffs work within the commander's intent to direct units and control resource allocations. They also are alert to spotting enemy or friendly situations that require command decisions and advise commanders concerning them. Through C2, commanders initiate and integrate all military functions and systems toward a common goal: mission accomplishment.

command and control 지휘통제, commander and the C2 system 지휘관 및 지휘통제 체계, communication system 통신체계, intelligence system 정보체계, backbone of C2 system 지휘통제체계의 중추, battlefield 전장 commander's ability 지휘관 능력, informed decision 정보가 제공된 결심, delegate authority 권한을 위임하다, synchronize the BOS 전장운영체계를 동시화하고 통합하다, adjust plan 계획을 조정하다, future operations 장차작전, current fight 현행전투, commander's intent 지휘관 의도, direct unit 부대를 감독하다, control resource allocation 자원할당을 통제하다, spotting enemy or friendly situation 적 및 아군상황을 식별하다, command decision 지휘결심, initiate 주도하다, integrate 통합하다, common goal 공통의 목적, mission accomplishment 임무달성

지휘통제에는 지휘관과 지휘통제체계라는 두 가지 구성요소가 있다. 통신체계, 정보체계, 컴퓨터 네트워크는 지휘통제체계의 중추를 형성하며, 전장의 어느 곳이든 지휘관이 지휘를 가능하게 한다. 지휘통제체계로 지휘관은 충분한 정보를 통한 결심, 권한 위임, 전장운영체계의 동시통합 할 수 있다. 이외에 지휘통제체계는 지휘관으로 하여금 현행전투에 집중하면서도 장차작전에 대한 계획을 조정할 수 있도록 지원한다. 참모들은 지휘관의 의도 내에서 부대를 감독하고 자원할당을 통제한다. 참모들은 또한 지휘결심이 요구되는 적 또는 아군상황 식별에 주의를 기울이고, 지휘관에게 적 및 아군상황에 대해 조언한다. 지휘통제를 통해 지휘관은 임무달성이라는 공통의 목적을 향해 모든 군사기능 및 체계를 주도하며 통합한다.

Chapter 3

공격작전
(Offensive Operations)

전쟁에서 가장 확실한 방어는 공격이며 공격의 효율성은
공격(작전)을 수행하는 사람들의 전투정신에 달려있다.

— 죠지 패튼 대장, '내가 경험했던 전쟁' 중에서

The offense is the decisive form of war. Offensive operations aim to destroy or defeat an enemy. Their purpose is to impose our will on the enemy and achieve decisive victory. While immediate considerations often require defending, decisive results require shifting to the offense as soon as possible.

offense 공격, offensive operations 공격작전, destroy 격멸, defeat 격퇴, will 의지, decisive victory 결정적 승리, defending 방어, shifting to the offense 공격으로 전환

공격은 전쟁의 결정적인 형태이다. 공격작전은 적을 격멸 또는 격퇴를 목적으로 한다. 공격작전의 목적은 적에게 우리의 의지를 강요하고 결정적 승리를 달성하는 것이다. 종종 일시적인 방어가 요구되기는 하나 결정적인 성과는 가능한 한 빨리 공격으로 전환함으로써 달성된다.

3-1 격멸(destroy)
적의 인원 및 장비를 사살, 파괴 혹은 포획하여 영구적으로 전투불가능 상태로 만드는 것.

3-2 격퇴(defeat)
적의 인원, 장비 및 시설에 피해를 주어 전투력을 감소 내지 상실토록 하여 일시적으로 전투력을 발휘하지 못하도록 하는 것.

Offensive operations seek to seize, retain, and exploit the initiative to defeat the enemy decisively. Army forces attack simultaneously throughout the area of operations (AO) to throw enemies off balance, overwhelm their capabilities, disrupt their defenses, and ensure their defeat or destruction. The offense ends when the force achieves the purpose of the operation, reaches a limit of advance, or approaches culmination. Army forces conclude a phase of an offensive by consolidating gains, resuming the attack, or preparing for future operations. Additional tasks offensive operations accomplish include -

- Disrupting enemy coherence.
- Securing or seizing terrain.
- Denying the enemy resources.
- Fixing the enemy.
- Gaining information.

offensive operations 공격작전, **seize** 탈취하다, **retain** 유지하다, **exploit** 확대하다, **initiative** 주도권, **defeat the enemy** 적을 격퇴하다, **Army force** 지상군, **area of operations(AO)** 작전지역, **overwhelm** 압도하다, **disrupt** 와해하다, **defense** 방어, **defeat** 격파, **destruction** 격멸, **offense** 공격, **purpose of the operation** 작전목적, **limit of advance** 전진한계, **culmination** 작전한계점, **phase** 단계, **future operations** 장차작전, **task** 과업, **enemy coherence** 적의 응집력, **secure** 확보하다, **terrain** 지형, **information** 첩보, **fixing** 고착

공격작전은 적을 결정적으로 격퇴하기 위하여 주도권 탈취, 유지 및 확대를 추구한다. 지상군은 적의 균형을 와해하기 위하여 작전지역 전반에 걸쳐 동시에 공격하고, 적 능력을 압도하며, 적의 방어를 와해하고, 적을 확실히 격퇴하거나 격멸한다. 공격은 부대가 작전목적을 달성하고, 전진한계에 도달하거나 (작전)한계에 이르렀을 때 종료된다. 지상군은 이점을 강화하고, 공격을 재개하거나 장차작전을 준비함으로써 하나의 공격단계를 종료한다. 공격작전에서 수행하는 부가적인 과업은 적의 응집력 와해, 지형 확보 또는 탈취, 적 자원 거부, 적 고착 및 첩보획득 등이다.

2 작전적·전술적 전쟁수준에서의 공격작전
Offensive Operation at the Operational and Tactical Levels of War

Army operational commanders conduct offensive campaigns and major operations to achieve theater-level effects based on tactical actions. They concentrate on designing offensive land operations. They determine what objectives will achieve decisive results; where forces will operate; the relationships among subordinate forces in time, space, and purpose; and where to apply the decisive effort. Operational commanders assign AOs to, and establish command and support relationships among, tactical commanders. Tactical commanders direct offensive operations to achieve objectives— destroying enemy forces or seizing terrain—that produce the theater-level effects operational commanders require.

operational commander 작전술제대의 지휘관, offensive campaign 공세적 전역, major operations 주력작전, theater-level 전구수준, tactical action 전술적 행동, offensive land operations 공세적 지상작전, objective 목표, subordinate force 예하부대, assign AO(area of operations) 작전지역을 부여하다, command and support relationship 지휘 및 지원관계, tactical commander 전술제대 지휘관, direct offensive operations 공격작전을 지휘하다, destroying enemy force 적 부대를 격멸하다, seizing terrain 지형 탈취

지상군의 작전술제대 지휘관은 전술적 행동에 기초한 전구수준의 효과를 달성하기 위해 공세적 전역 및 주력작전을 수행한다. 작전술제대 지휘관은 공세적 지상작전을 계획하는데 주안을 둔다. 작전술제대 지휘관은 결정적인 성과를 달성할 수 있는 목표, 부대운용 지역, 시간·공간·목적 측면에서 예하 부대 간의 관계, 결정적 노력을 적용할 지점 등을 결정한다. 작전술제대 지휘관은 전술제대 지휘관에게 작전지역을 부여하고 전술제대 지휘관들 간의 지휘 및 지원관계를 설정한다. 전술제대 지휘관은 적 부대 격멸 또는 지형탈취 등 작전술제대 지휘관이 요구하는 전구수준의 효과를 창출하는 목표를 달성하기 위해 공격작전을 지휘한다.

1 작전적 공격

At the operational level, offensive operations directly or indirectly attack the enemy center of gravity. Commanders do this by attacking enemy decisive points, either simultaneously or sequentially. Massed effects of joint and multinational forces allow attackers to seize the initiative. They deny the enemy freedom of action, disrupt his sources of strength, and create the conditions for operational and tactical success.

operational level 작전적 수준, **offensive operations** 공격작전, **attack** 공격, **center of gravity** 중심, **decisive point** 결정적 지점, **joint and multinational force** 합동 및 다국적군, **seize the initiative** 주도권을 탈취하다, **freedom of action** 행동의 자유, **disrupt** 와해하다, **strength** 강점, **operational and tactical success** 작전적·전술적 성공

작전적 수준에서 공격작전은 직접 또는 간접적으로 적 중심을 공격한다. 지휘관은 동시 또는 연속적으로 적의 결정적 지점을 공격함으로써 적 중심을 공격한다. 합동 및 다국적군의 집중효과는 공자가 주도권을 탈취하게 한다. 집중효과는 적의 행동의 자유를 거부하고, 적 강점의 근원을 와해하며, 작전적·전술적 승리의 조건을 조성한다.

3-3 중심(center of gravity)

힘이나 균형의 근원이 되는 것으로 부대가 행동의 자유(freedom of action)나 유형전투력(combat power) 또는 전투의지(will to fight)를 창출하는 장소나 능력 내지 특성을 의미하는 것으로서 중심의 개념은 전략(strategy), 작전술(operations) 및 전술(tactics)에 모두 적용되나 전술적 수준보다는 작전 및 전략적 수준에서 그 유용성이 크며 중요시됨. 중심은 성과 효율성이 연쇄적으로 약화되어 완전한 패배(defeat)로 귀결되는 힘의 원천(source of strength)이다. 따라서 적의 중심(enemy center of gravity)을 식별하여 이를 파괴하는 것이 전승의 요체(focal point)이며 적의 중심을 노출시키고(reveal enemy center of gravity) 아 중심을 방호하는(protect friendly forces center of gravity) 것이 작전술의 근본임.

적 중심은 적 전투력의 근원이 되는 주요부대(major forces), 증원역량(reinforcement capability) 및 지휘통제체제(command and control system), 그리고 적의 전투의지(enemy will to fight) 및 행동의 자유(freedom of action)에 영향을 미치는 것으로서 통상 작전속도(tempo), 화력지원체계(fire support system), 기계화부대(armor units), 특수무기(special weapons) 등의 요소를 식별하는 데 주안을 둔다.

결정적 지점(decisive point): 아군이 확보함으로써(secure) 임무완수(mission accomplishment)에 현저한 이점(significant advantage)을 제공하고 작전의 결과에 결정적인 영향을 미칠 수 있는 지점으로 임무를 종결하고 성공의 효과를 확대하는 데(exploit effects of success) 지배적인 요지, 적을 포획(capture enemy) 및 차단할(interdict) 수 있는 지점, 적의 공격을 저지하거나(block enemy attack) 중요자원을 보호(protect) 및 지탱하는(sustain) 지점, 적의 방어 진지(defense battle position)상 취약지점(vulnerability) 등으로 통상 도로의 견부(shoulder of road), 교통의 요충지 등의 지형지물(terrain feature)이 선정되거나 적 지휘소(enemy command post), 적 부대(enemy forces) 또는 통신시설(communication facility) 등도 포함될 수 있다.

To attain unity of effort, operational commanders clearly identify objectives and reinforce the relationships among subordinate forces. By minimizing interoperability challenges and harnessing system capabilities, commanders tailor their forces to achieve decisive effects. They allocate sufficient joint and multinational forces to achieve their objectives.

unity of effort 노력의 통일, **operational commander** 작전술제대 지휘관, **objective** 목표, **subordinate forces** 예하부대, **interoperability** 상호운용성, **system capability** 체계능력, **commander** 지휘관, **decisive effect** 결정적 효과, **joint and multinational force** 합동 및 다국적군

노력의 통일을 획득하기 위해 작전술제대의 지휘관은 목표를 명확히 식별하고 예하부대 간의 관계를 강화해야 한다. 상호운용성의 문제점들을 최소화하고 체계능력을 가동함으로써 지휘관은 결정적 효과를 달성할 수 있도록 부대를 편성한다. 작전술제대 지휘관은 목표를 달성하기 위해 충분한 합동 및 다국적군을 할당한다.

2 전술적 공격

Tactical commanders exploit the effects that joint and multinational forces contribute to the offense. They synchronize these forces in time, space, resources, purpose, and action to mass the effects of combat power at decisive points. Commanders direct battles as part of major operations. Battles are related in purpose to the operational commander's objectives.

tactical commander 전술제대 지휘관, offense 공격 synchronize 동시통합 하다, mass the effects of combat power 전투력의 효과를 집중하다, decisive point 결정적 지점, battle 전투, major operations 주력작전, operational commander's objective 작전술제대 지휘관의 목표

전술제대 지휘관은 합동 및 다국적군이 공격에 기여하는 효과를 확대해야 한다. 전술제대 지휘관은 결정적 지점에 전투력 효과를 집중하기 위해 시간, 공간, 자원, 목적 및 행동 면에서 합동 및 다국적군을 동시통합 한다. 지휘관은 주력작전의 일부로서 전투를 지휘한다. 전투는 목적 면에서 작전술제대 지휘관의 목표와 관련이 있다.

Battles may be linear or nonlinear and conducted in contiguous or noncontiguous AOs. Tactical commanders receive their AO, mission, objectives, boundaries, control measures, and intent from their higher commander. They determine the decisive, shaping, and sustaining operations within their AO. They direct fires and maneuver to attack and destroy the enemy and attain terrain objectives. Tactical commanders normally have clearly defined tasks - defeat the enemy and occupy the objective.

battle 전투, linear or nonlinear 선형적인 혹은 비선형적인, contiguous or noncontiguous AO(area of operations) 접경하거나 접경하지 않는 작전지역, tactical commander 전술제대 지휘관, mission 임무, objective 목표, boundary 전투지경선, control measures 통제수단, intent 의도, higher commander 상급 지휘관, decisive, shaping, and sustaining operations 결정적, 여건조성, 전투력지속작전, fire and maneuver 기동과 화력, attack 공격하다, destroy 격멸하다, terrain objective 지형목표, task 과업, defeat the enemy 적을 격퇴하다, occupy the objective 목표를 점령하다

전투는 선형 또는 비선형적일 수 있으며 (전투지경선이 서로) 접경 또는 접경하지 않는 작전지역에서 수행될 수 있다. 전술제대 지휘관은 상급지휘관으로부터 작전지역, 임무, 목표, 전투지경선, 통제수단, 지휘관의 의도를 수령한다. 또한 전술제대 지휘관은 자신의 작전지역 내에서 결정적작전, 여건조성작전, 전투력지속작전을 결정한다. 지휘관은 적을 공격하여 격멸하고 지형목표를 획득하기 위해 화력과 기동을 통제한다. 전술제대 지휘관은 대개 적 격퇴와 목표점령과 같은 명확하게 규정된 과업을 가진다.

3-4 통제수단(control measures)

작전임무수행을 위해서 작전명령(operation order, OPORD)이나 계획(operation order, OPLAN)에서 서식 혹은 도식으로 명시되는 필수적인 통제대책으로 목표(objective), 중간목표(intermediate objective), 전투지경선(boundary), 전진축(axis of advance), 공격개시선(line of departure), 공격시간(time of attack), 집결지(assembly area, AA), 확인점(check point), 접촉점(contact point), 통제선(phase line), 공격방향(direction of attack), 최종협조선(final coordination line) 등이 있다.

Surprise, concentration, tempo, and audacity characterize the offense. Effective offensive operations capitalize on accurate intelligence and other relevant information regarding enemy forces, weather, and terrain. Commanders maneuver their forces to advantageous positions before contact. Force protection, including defensive information operations (IO), keeps or inhibits the enemy from acquiring accurate information about friendly forces. The enemy only sees what the friendly commander wants him to see. Contact with enemy forces before the decisive operation is deliberate, designed to shape the optimum situation for the decisive operation. The decisive operation is a sudden, shattering action that capitalizes on subordinate initiative and a common operational picture (COP) to expand throughout the AO. Commanders execute violently without hesitation to break the enemy's will or destroy him.

surprise 기습, **concentration** 집중, **tempo** 작전속도, **audacity** 대담성, **offense** 공격, **intelligence** 정보, **information** 첩보, **enemy force** 적 부대, **weather** 기상, **terrain** 지형, **maneuver** 기동, **advantageous position** 유리한 위치, **force protection** 부대방호, **information operations(IO)** 정보작전, **friendly force** 우군부대, **friendly commander** 아군 지휘관, **decisive operation** 결정적작전, **optimum situation** 최적의 상황, **subordinate initiative** 예하부대 주도권, **common operational picture(COP)** 공통작전상황도, **AO(area of operations)** 작전지역, **enemy's will** 적의 의지, **destroy** 격멸하다

기습, 집중, 속도 및 대담성은 공격작전의 특징이다. 효과적인 공격작전은 적 부대, 기상, 지형에 관한 정확한 정보와 관련첩보를 이용한다. 지휘관은 적과 접촉하기 이전에 부대를 유리한 위치로 기동시킨다. 수세적 정보작전을 포함한 부대방호는 적이 아군에 대한 정확한 첩보획득을 획득하지 못하게 한다. 적은 아군 지휘관이 보게 하는 것만 본다. 결정적 작전 이전에 적 부대와 접촉하는 것은 심사숙고해야 하고, 결정적작전을 위한 최적의 상황을 조성하기 위해 계획되어야 한다. 결정적작전은 예하부대의 주도권과 전 작전지역으로까지 확대되는 공통작전상황도를 이용하는 기습적이고 압도적인 행동이다. 지휘관은 적의 의지를 분쇄하고 적을 격멸하기 위해 주저하지 말고 맹렬하게 (공격작전을) 실시해야 한다.

1 기습

In the offense, commanders achieve surprise by attacking the enemy at a time or place he does not expect or in a manner for which he is unprepared. Estimating the enemy commander's intent and denying him the ability to gain thorough and timely situational understanding is necessary to achieve surprise. Unpredictability and boldness help gain surprise. The direction, timing, and force of the attack also help achieve surprise. Surprise delays enemy reactions, overloads and confuses his command and control (C2) systems, induces psychological shock in enemy soldiers and leaders, and reduces the coherence of the defense. By diminishing enemy combat power, surprise enables attackers to exploit enemy paralysis and hesitancy.

offense 공격, surprise 기습, enemy commander's intent 적 지휘관 의도, timely situational understanding 적시적인 상황파악, enemy reaction 적 대응, command and control(C2) systems 지휘통제체계, psychological shock 심리적 충격, coherence of the defense 방어의 응집성, enemy combat power 적 전투력, attacker 공자

공격(작전)에서 지휘관은 적이 예상치 못한 시간이나, 장소 혹은 적이 대비하지 못한 방법으로 적을 공격함으로써 기습을 달성해야 한다. 기습을 달성하기 위해 적 지휘관의 의도를 판단하고 적이 철저하고 적시적인 상황파악을 하지 못하게 할 필요가 있다. 예측불허와 대담성은 기습달성에 도움이 된다. 공격 방향, 시기 및 부대 또한 기습달성에 도움이 된다. 기습은 적의 대응을 지연시키고, 적 지휘통제시스템에 과부하와 혼선을 초래하고, 적의 병사들과 리더들에게 심리적 충격을 야기하고, 방어의 응집성을 약화시킨다. 적의 전투력을 약화시킴으로써 기습은 공자로 하여금 적의 마비상태와 머뭇거림을 이용하게 만든다.

Operational and tactical surprise complement each other. Operational surprise creates the conditions for successful tactical operations. Tactical surprise can cause the enemy to hesitate or misjudge a situation. But tactical surprise is fleeting. Commanders must exploit it before the enemy realizes what is happening.

operational and tactical surprise 작전적·전술적 기습, tactical operations 전술작전, tactical surprise 전술적 기습, misjudge a situation 상황을 잘못 판단하다, commander 지휘관, exploit 확대하다

작전적 기습과 전술적 기습은 상호 보완적이다. 작전적 기습은 성공적인 전술작전을 위한 조건을 조성한다. 전술적 기습은 적으로 하여금 주저하게 만들고 상황을 잘못 판단하도록 만들 수 있다. 그러나 전술적 기습은 일시적인 것이다. 그러므로 지휘관은 적이 어떤 상황이 일어나고 있는지를 깨닫기 전에 기습의 효과를 확대해야 한다.

Outright surprise is difficult to achieve. Modern surveillance and warning systems, the availability of commercial imagery products, and global commercial news networks make surprise more difficult. Nonetheless, commanders achieve surprise by operating in a way the enemy does not expect. They deceive the enemy as to the nature, timing, objective, and force of an attack. They can use bad weather, seemingly impassable terrain, feints, demonstrations, and false communications to lead the enemy into inaccurate perceptions. Sudden, violent, and unanticipated attacks have a paralyzing effect. Airborne, air assault, and special operations forces (SOF) attacks— combined with strikes by Army and joint fires against objectives the enemy regards as secure—create disconcerting psychological effects on the enemy.

outright surprise 완전한 기습, surveillance and warning system 감시 및 경고체계, commander 지휘관, objective 목표, force of an attack 공격부대, impassable terrain 통행 불가한 지형, feint 양공, demonstration 양동, false communication 허위통신, airborne 공정, air assault 공중강습, special operations force(SOF) 특수작전부대, Army and joint fire 지상 및 합동화력, psychological effect 심리적 효과

완전한 기습은 달성하기 어렵다. 현대적 감시 및 경고체계, 상업용 영상물의 가용성, 세계적 상업용 뉴스 네트워크는 기습을 더욱 어렵게 만든다. 그럼에도 불구하고 지휘관은 적이 예상하지 못한 방법으로 작전을 실시함으로써 기습을 달성해야 한다. 지휘관은 본질, 시간, 목표, 공격부대에 대해 적을 기만해야 한다. 지휘관은 적이 상황을 잘못 인식하게 만들기 위해 악기상, 적이 겉보기에 통행이 어려운 지형, 양공, 양동, 허위통신을 이용할 수 있다. 갑작스럽고 맹렬하며 예상치 못한 공격은 마비효과가 있다. 적이 확보하고자 하는 목표에 대한 지상 및 합동화력과 결합된 공정, 공중강습 및 특수작전부대의 공격은 적에게 혼란을 야기하는 심리적 효과를 창출한다.

Surprise can come from an unexpected change in tempo. Tempo may be slow at first, creating the conditions for a later acceleration that catches the enemy off guard and throws him off balance. US forces demonstrated such a rapid change in tempo before Operation Just Cause in 1989. Accelerated tempo resulted in operational and tactical surprise despite increased publicity and heightened tensions beforehand.

surprise 기습, tempo 작전속도, Operation 'Just Cause' 미국의 파나마 침공 작전, operational and tactical surprise 작전적·전술적 기습

기습은 예상치 못한 작전속도 변화로부터 나올 수 있다. 초기에 작전속도는 늦게 진행될 수 있으나 적의 경계소홀을 포착하고 균형을 상실하게 하는 등 후반부에 (작전속도의) 가속화 여건을 조성한다. 미군은 1989년의 파나마 침공작전 실시 전에 그와 같은 신속한 작전속도 변화를 보여주었다. 가속화된 작전속도는 이미 긴장이 고조되고 (작전상황이) 공공연하게 알려졌음에도 불구하고 작전적·전술적 기습의 결과를 낳았다.

파나마 기습

파마나 침공작전 이전 1989년 미군이 파나마 전역에서 실시한 활동은 전략적 기습의 달성의 좋은 사례이다. 노리에가는 1984년에 권력을 장악한 후 파나마 국민의 민주주의와 파나마 운하조약으로 보장받고 있었던 미국의 법적보장을 위협하였다. 이에 미군은 작전명 'Prayer Book'과 'Blue Spoon'으로 알려진 우발계획을 수립하였다. 1989년 5월 노리에가의 근위대와 파나마 국방군은 파나마에 주둔하고 있었던 미군을 총으로 위협하면서 파나마에서 미국의 철수에 대한 압력을 가중시켰다. 조지 부시 대통령은 지상군과 해병대를 전개하여 이에 대응하였다. 이후 6개월 간 지상군은 기동력을 강화하는 등 훈련을 실시하였다. 이러한 미국의 활동에도 불구하고 노리에가는 미군의 침공가능성을 무시하였다. 1989년 12월 20일을 기하여 미 특수전부대는 파나마 국방수비대, 공항, 대중매체 및 수송시설에 대한 최초공격을 실시하였다. 이어 투입된 정규군 부대가 파나마 전역에 걸친 결정적 지점을 공격하였다. 노리에가와 그의 부대는 완벽하게 기습을 당하였다. 노리에가는 미군이 그를 추격하자 군에 대한 통제권을 잃고 도주하였다.

Commanders conceal the concentration of their forces. Units mask activity that might reveal the direction or timing of an attack. Commanders direct action to deceive the enemy and deny his ability to collect information.

commanders 지휘관, unit 부대, direction or timing of an attack 공격방향 혹은 공격시간, deceive the enemy 적을 기만하다, collect information 첩보를 수집하다

지휘관은 병력 집중을 감추어야 한다. 부대는 공격방향 또는 공격시간을 노출할 지도 모르는 활동을 은폐해야 한다. 지휘관은 적을 기만하고 적의 첩보를 수집하기 위한 적 능력을 거부하기 위한 행동을 지시해야 한다.

2 집중

Concentration is the massing of overwhelming effects of combat power to achieve a single purpose. Commanders balance the necessity for concentrating forces to mass effects with the need to disperse them to avoid creating lucrative targets. Advances in ground and air mobility, target acquisition, and long-range precision fires enable attackers to rapidly concentrate effects. C2 systems provide reliable relevant information that assists commanders in determining when to concentrate forces to mass effects.

concentration 집중, effect of combat power 전투력의 효과, single purpose 단일목적, mass effect 효과를 집중하다, disperse 분산하다, lucrative target 유리한 표적, ground and air mobility 지상 및 공중 기동력, target acquisition 표적획득, long-range precision fire 장거리 정밀화력, attacker 공자, C2 system 지휘통제체계, reliable relevant information 신뢰할 만한 관련 첩보

집중은 단일목적을 달성하기 위해 전투력의 압도적인 효과를 집중하는 것을 의미한다. 지휘관은 효과를 집중하기 위해 병력을 집중운용 해야 할 필요성과 (적에게) 유리한 표적이 되는 것을 피하기 위해 병력을 분산할 필요성 간에 균형을 유지해야 한다. 지상 및 공중기동성, 표적획득 및 장거리 정밀화력의 향상은 공자로 하여금 신속하게 효과를 집중하게 한다. 지휘통제체계는 효과의 집중을 달성하기 위해 병력을 집중해야 할 때를 결정함에 있어서 지휘관에게 도움이 되는 신뢰할만한 관련첩보를 제공한다.

Attacking commanders manipulate their own and the enemy's force concentration by combining dispersion, concentration, military deception, and attacks. By dispersing, attackers stretch enemy defenses and deny lucrative targets to enemy fires. By massing forces rapidly along converging axes, attackers overwhelm enemy forces at decisive points with concentrated combat power. After a successful attack, commanders keep their forces concentrated to take advantage of their momentum. Should enemy forces threaten them, they may disperse again. Commanders adopt the posture that best suits the situation, protects the force, and sustains the attack's momentum.

attacking commander 공격부대 지휘관, dispersion 분산, concentration 집중, military deception 군사기만, attack 공격, enemy defense 적 방어, lucrative target 유리한 목표, enemy fire 적 화력, mass force 부대를 집중하다, enemy force 적 부대, decisive point 결정적 지점, combat power 전투력, momentum 기세, posture 태세, suit the situation 상황에 적합하다, protect the force 부대를 방호하다, sustains the attack's momentum 공격의 기세를 유지하다

공격부대 지휘관은 분산, 집중, 군사기만, 공격을 결합함으로써 피아부대의 집중을 조절한다. 분산을 통해 공자는 적의 방어진지를 신장시키고 적의 화력에 유리한 표적이 되는 것을 피할 수 있다. 집중의 축을 따라 신속하게 전투력을 집중함으로써 공자는 결정적 지점에서 집중된 전투력으로 적 부대를 압도할 수 있다. 성공적인 공격 후 지휘관은 기세를 이용하기 위해 병력의 집중을 유지해야 한다. 만약 적 부대가 다시 위협을 가할 경우 지휘관은 다시 부대를 분산시킬 수도 있다. 지휘관은 상황에 가장 적합하고, 부대를 방호하며, 기세를 유지할 수 있는 태세를 채택해야 한다.

Concentration requires coordination with other services and multinational partners. At every stage of an attack, commanders integrate joint intelligence assets with joint fires. They capitalize on air superiority to deny the enemy the ability to detect or strike friendly forces from the air. Commanders direct ground, air, and sea resources to delay, disrupt, or destroy enemy reconnaissance elements or capabilities. They also direct security, IO, and counterfire to protect friendly forces as they concentrate.

concentration 집중, coordination 협조, other service 타 군, stage of an attack 공격단계, joint intelligence asset 합동정보자산, joint fire 합동화력, air superiority 공중우세, detect or strike friendly force 아군을 발견하거나 타격하다, ground, air, and sea resource 지상·공중 및 해상 자원, delay, disrupt, or destroy 지연·와해 혹은 격멸하다, reconnaissance element 정찰부대, security 경계, IO(information operations) 정보작전, counterfire 대화력

집중은 타군과 다국적 동반자들과의 협조를 필요로 한다. 모든 공격단계에서 지휘관은 합동정보자산과 합동화력을 통합한다. 지휘관은 공중으로부터 아군을 발견하거나 타격하는 적의 능력을 거부하기 위해 공중우세를 이용해야 한다. 지휘관은 적의 정찰부대 또는 정찰능력을 지연, 와해, 격멸하도록 지상, 공중 및 해상자산 운영에 노력을 집중해야 한다. 또한 지휘관은 (병력을) 집중 운용할 때 우군부대를 방호하기 위하여 경계, 정보작전, 대(對)화력 분야를 감독해야 한다.

> **3-5 공중우세(air superiority)**
> 공군력에 있어서 적보다 우세한 전투능력을 가지고 적 공군력의 대항에도 불구하고 주어진 시간과 장소에서 적의 간섭을 받지 않고 지상, 해상 및 공중작전이 허용되는 공중작전에서의 상대적 우세정도
>
> **3-6 대화력전(counterfire warfare)**
> 전 전장에 걸쳐 적 화력지원수단과 이를 지휘통제 하는 모든 요소를 무력화시킴으로써 화력지원능력과 전투지속능력 및 전의를 약화시키는 화력전투를 말한다. 수행목적은 적의 공격속도를 와해시키고 아군 기동부대에게 행동의 자유를 보장하고 화력의 우세를 달성하여 작전의 주도권을 획득하는데 있다.

3 작전속도

Controlling or altering tempo is necessary to retain the initiative. At the operational level, a faster tempo allows attackers to disrupt enemy defensive plans by achieving results quicker than the enemy can respond. At the tactical level, a faster tempo allows attackers to quickly penetrate barriers and defenses and destroy enemy forces in depth before they can react.

tempo 작전속도, retain the initiative 주도권을 유지하다, operational level 작전적 수준, disrupt enemy defensive plan 적 방어계획을 와해하다, tactical level 전술적 수준, penetrate barrier and defense 장애물과 방어(진지)를 돌파하다, depth 종심

주도권 유지를 위해 작전속도를 통제하거나 변경할 필요성이 있다. 작전적 수준에서 신속한 작전속도는 공자는 적이 대응할 수 있는 속도보다 더 빨리 성과를 달성함으로써 적의 방어계획을 와해할 수 있게 한다. 전술적 수준에서 신속한 작전속도는 공자가 적이 반응하기 이전에 신속히 적의 장애물과 방어진지를 돌파하고 종심상에서 적 부대를 격멸할 수 있게 한다.

3-7 작전속도(tempo)

군사행동(military action)의 속도율로 전장에서 수행되는 일련의 군사활동 속도와 리듬을 의미한다. 템포는 단순히 속도만을 의미하는 것이 아니라, 전투상황과 적의 탐지 및 대응능력 평가에 따라 작전을 조정하는 능력을 말하며 주도권(initiative)장악의 필수요소로서 작전상황에 따라 빠를 수도 있고 느릴 수도 있으며 속도와 집중을 적절히 통합함으로써 달성된다.

Commanders adjust tempo as tactical situations, combat service support (CSS) necessity, or operational opportunities allow to ensure synchronization and proper coordination, but not at the expense of losing opportunities to defeat the enemy. Rapid tempo demands quick decisions. It denies the enemy the chance to rest and continually creates opportunities.

commander 지휘관, tactical situation 전술적 상황, combat service support(CSS) 전투근무지원, synchronization 동시통합, coordination 협조, at the expense of ~의 대가를 치르고, defeat the enemy 적을 격멸하다, quick decision 신속한 결심

동시통합과 적절한 협조를 보장하기 위하여 전술적 상황, 전투근무지원의 필요성, 작전적 기회가 허용될 때, 지휘관은 작전속도를 조정해야 하지만 적을 격멸할 수 있는 기회를 상실해서는 안 된다. 신속한 작전속도는 빠른 결심을 필요로 한다. 빠른 작전속도는 적이 휴식할 기회를 빼앗고, 지속적으로 기회를 포착하지 못하게 만든다.

By increasing tempo, commanders maintain momentum. They identify the best avenues for attack, plan the action in depth, provide for quick transitions to other operations, and concentrate and combine forces effectively. Commanders and staffs ensure that CSS operations prevent culmination. Once combat begins, attackers execute violently. They follow reconnaissance units or successful probes and quickly move through gaps before defenders recover. Attackers shift combat power quickly to widen penetrations, roll up exposed flanks, and reinforce successes. Friendly forces attack in depth with fires and maneuver to shatter the enemy's coherence and overwhelm his C2. While maintaining a tempo faster than the enemy's, attackers balance the tempo with the ability to exercise C2. Commanders never permit the enemy to recover from the shock of the initial assault. They prevent defenders from massing effects against the friendly decisive operation.

tempo 작전속도, momentum 기세, avenue for attack 공격로, depth 종심, operations 작전, commander and staff 지휘관 및 참모, CSS operation 전투근무지원 운용, culmination 작전한계점, combat 전투, attacker 공자, reconnaissance unit 정찰부대, gap 간격, defender 방자, combat power 전투력, widen penetration 확장된 돌파구, exposed flank 노출된 측익, friendly force 아군, fires and maneuver 화력과 기동, enemy's coherence 적 응집성, C2(command and control) 지휘 및 통제, initial assault 최초공격, mass effect 효과를 집중하다, friendly decisive operation 아군의 결정적 작전

작전속도를 증대시킴으로써 지휘관은 기세를 유지해야 한다. 지휘관은 최상의 공격로를 식별하고, 종심성 있는 행동을 계획하며, 타 작전으로의 신속한 전환을 준비하고, 전투력을 효과적으로 집중하고 통합해야 한다. 지휘관과 참모는 전투근무지원 운용을 통해 (아군이) 작전한계점에 도달하지 않도록 해야 한다. 일단 전투가 시작되면 공자는 맹렬하게 (전투를) 실시해야 한다. 공자는 정찰부대 또는 성공적인 탐색부대를 후속하면서 방자가 회복되기 전에 간격을 통해 신속히 이동한다. 공자는 확장된 돌파구로 신속하게 전투력을 전환하고 노출된 측방을 포위하며 전과를 확대한다. 아군 부대는 적의 응집력을 분쇄하고 적 지휘통제체계를 압도하기 위하여 화력과 기동으로 종심 깊게 공격한다. 공자는 적의 속도보다 더 빨리 공격속도를 유지하는 반면 작전속도와 지휘통제 실행 능력과 균형을 유지해야 한다. 지휘관은 적이 최초공격의 충격으로부터 회복되는 것을 허용해서는 안 된다. 지휘관은 방자가 아군의 결정적 작전에 대해 효과를 집중하지 못하도록 해야 한다.

4 대담성

Audacity is a simple plan of action, boldly executed. Commanders display audacity by developing bold, inventive plans that produce decisive results. Commanders demonstrate audacity by violently applying combat power. They understand when and where to take risks and do not hesitate as they execute their plan. Commanders dispel uncertainty through action; they compensate for lack of information by seizing the initiative and pressing the fight. Audacity inspires soldiers to overcome adversity and danger.

audacity 대담성, **commander** 지휘관, **combat power** 전투력, **take risk** 위험을 감수하다, **execute plan** 계획을 실행하다, **uncertainty** 불확실성, **lack of information** 정보부족, **seize the initiative** 주도권을 장악하다, **adversity and danger** 역경과 위험

대담성은 과감하게 실행되는 단순한 행동계획이다. 지휘관은 결정적 성과를 내는 과감하고 창의적인 계획을 발전시킴으로써 대담성을 보여준다. 또한 지휘관은 맹렬하게 전투력을 운용함으로써 적에게 대담성을 보여주어야 한다. 지휘관은 위험을 감수할 시간과 장소를 이해해야 하고, 계획을 실행할 때 주저해서는 안 된다. 지휘관은 행동을 통해서 불확실성을 극복해야 한다. 지휘관은 주도권을 확보하고 전투를 압박함으로써 정보부족을 보강한다. 대담성은 전투원들이 역경과 위험을 극복할 힘을 준다.

대담한 우회기동 - 인천상륙작전

1950년 6월 25일 북한군은 남한을 침공하였다. 그 해 8월에 이르러 북한군은 미군과 국군을 낙동강과 남강 이남 지역에 묶어 놓은 채 한반도의 대부분을 점령하였다. 약 한달 간에 걸쳐 양측은 격렬한 공격과 역습을 하였다. 같은 해 9월 15일 유엔군과 북한군이 남부지역에서 결정적 교전을 하는 동안 미 10군단은 2개 사단으로 서울북부의 서해안에 상륙작전을 실시하였다. 크로마이트(Chromite)작전이라 명명된 이 작전적 우회기동은 기습을 통해 북한군을 완전히 제압하였다. 이와 동시에 유엔군은 미8군의 역습을 지원하기 위해 항공기를 이용하여 낙동강에 연해 있는 북한군에게 폭격을 퍼부었다. 이어서 미군과 국군 해병대는 서울로 진격하였다. 10군단의 나머지 부대는 서울과 수원 지역을 탈환하였으며 북한군의 보급로를 차단하였다. 이어 지상군은 한국의 험준한 지형을 하루 평균 16km 이상 진격하였다. 북한군은 후퇴를 거듭하여 결국 1950년 10월에 이르러 와해되어 북으로 패주하고 말았다.

4 공격작전구조
Offensive Operations within the Operational Framework

Commanders conduct offensive operations within the operational framework (AO, battlespace, and battlefield organization). They synchronize their forces in time, space, resources, purpose, and action to conduct simultaneous and sequential decisive, shaping, and sustaining operations in depth. (See Figure 3-1) In certain situations, commanders designate deep, close, and rear areas.

commander 지휘관, operational framework 작전구조, AO(area of operations) 작전지역, battlespace 전장공간, battlefield organization 전장편성, synchronize 동시통합하다, decisive operations 결정적작전, shaping operations 여건조성작전, sustaining operations 전투력지속작전, deep area 종심지역, close area 근접지역, rear area 후방지역

지휘관은 작전지역, 전투공간, 전장편성과 같은 작전구조 내에서 공격작전을 수행한다. 지휘관은 종심에서 동시적이고 순차적인 결정적작전, 여건조성작전, 전투력지속작전을 수행하기 위해 시간, 공간, 자원, 목적, 행동 면에서 부대를 동시통합 한다. (그림 3−1 참조) (공간을 고려해서 전장을 편성해야 하는 경우 등의) 특정한 상황에서 지휘관은 종심, 근접, 후방지역을 지정한다.

| 그림 3-1 | 공격작전구조

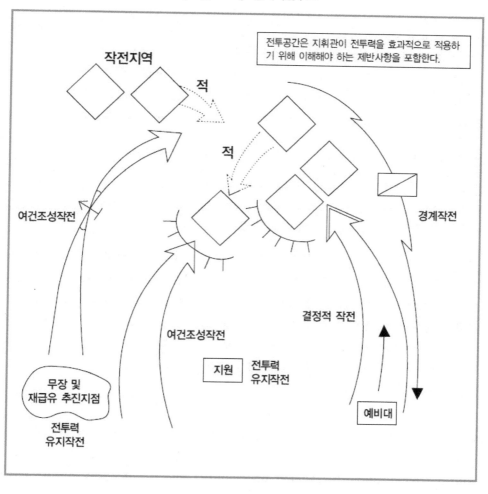

1 결정적작전

Decisive offensive operations are attacks that conclusively determine the outcome of major operations, battles, and engagements. At the operational level, decisive operations achieve the goals of each phase of a campaign. Ground operations within campaigns may include several phases. Within each phase is a decisive operation. Its results substantially affect the course of the campaign. At the tactical level, decisive battles or engagements achieve the purpose of the higher headquarters mission. Commanders win decisive operations through close combat that physically destroys the enemy; overcomes his will to resist; or seizes, occupies, and retains terrain.

decisive offensive operations 결정적 공격작전, major operations 주력작전, battle 전투, engagement 교전, operational level 작전적 수준, campaign 전역, ground operations 지상작전, tactical level 전술적 수준, decisive battle 결정적 전투, higher headquarters mission 상급사령부 임무, close combat 근접전투, destroy 격멸하다, will to resist 저항의지, seizes terrain 지형을 탈취하다, occupies terrain 지형을 점령하다, retain terrain 지형을 확보하다.

결정적 공격작전은 주력작전, 전투, 교전의 결과를 최종적으로 결정하는 공격이다. 작전적 수준에서 결정적작전은 전역의 단계별 목적을 달성하게 한다. 전역 내의 지상작전은 수 개의 단계를 포함할 수 있다. 각 단계마다 결정적작전이 있다. 결정적작전의 결과는 실질적으로 전역 과정에 영향을 미친다. 전술적 수준에서 상급사령부의 임무목적은 결정적 전투 또는 교전으로 달성된다. 지휘관은 물리적으로 적을 격멸하고, 적의 저항의지를 와해하며, 적 지형을 탈취·점령·확보하는 근접작전을 통하여 결정적작전을 승리로 이끈다.

Commanders weight the decisive operation with additional resources and by skillful maneuver. For example, commanders may fix part of the enemy force with a frontal attack (a shaping operation), while the majority of the force envelops it to seize a decisive point. Commanders decide when, where, and if to commit additional supporting fires and reserves. Commanders shift priority of fires as necessary. Maneuvering forces positions them to mass fires against the enemy.

commander 지휘관, maneuver 기동, fix 고착하다, frontal attack 정면공격, shaping operation 여건조성 작전, envelop 포위하다, seize a decisive point 결정적 지점을 탈취하다, priority of fire 화력의 우선순위, maneuvering force 기동부대, mass fire 화력을 집중하다

지휘관은 추가적인 자원과 능숙한 기동으로 결정적작전에 무게를 가한다. 예를 들면 지휘관은 정면공격(여건조성작전)을 통해 적의 일부를 고착하는 한편 다수의 부대로 결정적 지점을 탈취하기 위해 적을 포위해야 한다. 지휘관은 추가적인 지원화력과 예비대의 투입시간 및 장소와 투입여부를 결정한다. 지휘관은 필요에 따라 화력의 우선순위를 전환한다. 기동부대는 적에게 화력을 집중할 수 있도록 배치된다.

3-8 정면공격(frontal attack)

최단거리를 이용하여 적의 진지정면으로 지향하는 공격으로서 통상 전 정면에서 배치된 모든 적 부대를 동시에 강타하는 기동형태(forms of maneuver). 정면공격은 주공(main effort)과 조공(supporting attack)의 구분 없이 균등한 압력을 가하고자 할 때 사용되는데 통상 포위(envelopment)나 돌파(penetration)시 조공으로서 적 부대를 고착(fix the enemy forces) 시키고자 할 때나 전과확대(exploitation) 및 추격(pursuit)시 조우전(meeting engagement)시 양공작전(feint)시 등 빈번히 사용됨.

Commanders designate a reserve to provide additional combat power at the decisive time and place. The more uncertain the situation is, the larger the reserve. Once the reserve is committed, the commander designates another. The initial strength and location of reserves vary with—Potential missions, branches, and sequels. Form of maneuver. Possible enemy actions. Degree of uncertainty.

commander 지휘관, reserve 예비대, additional combat power 추가적 전투력, designate 지정하다, mission 임무, branch 우발계획, sequel 후속작전, form of maneuver 기동형태, enemy action 적 행동

지휘관은 결정적 시간과 장소에 추가적인 전투력을 제공하기 위해 예비대를 지정한다. 상황이 불확실하면 할수록 더 많은 예비대가 필요하다. 일단 예비대가 투입되면 지휘관은 또 다른 예비대를 지정한다. 예비대의 강도와 위치는 잠재적 임무, 우발 및 후속계획, 기동의 형태, 가능성 있는 적 행동 및 불확실성의 정도에 좌우된다.

Reserves provide a hedge against uncertainty. Commanders assign them only those tasks necessary to prepare for their potential mission. Only the commander who designates the reserve can commit it, unless he specifically delegates that authority.

delegates 위임하다, **assign** 할당하다, **task** 과업, **mission** 임무, **commander** 지휘관, **designate** 지정하다, **reserve** 예비, **commit** 투입하다, **authority** 권한

예비대는 불확실성에 대비한다. 지휘관은 잠재적 임무를 준비하는데 필요한 과업에만 예비대를 할당한다. 특별히 권한을 위임하지 않는 한 예비대를 지정한 지휘관만이 예비대를 투입할 수 있다.

결정적 공격작전인 사막의 폭풍작전

지상군의 지원을 받아 미 중부사령부 소속의 공군구성군이 38일간의 대규모 공격여건조성을 한 후인 1991년 2월 24일 미 지상군은 현대전에 있어 가장 결정적인 성과를 거둔 지상전투작전을 실시하였다. 우측방에서 7군단과 함께 18공정군단은 서측에서 연합공격작전의 일부로서 이라크군을 공격하였다. 또한 제 2기갑사단의 1(타이거)여단은 동측의 제 1해병원정대의 일부로 공격을 실시하였다. 지상군은 신속하게 이라크 방어진지를 돌파하고 목표를 확보하였다. 첨단과학기술을 이용하여 차량 및 항공기 승무원들은 이라크 무기체계의 사정거리 밖에서 표적을 획득하여 이를 타격하였다. 압도적인 화력지원과 신속한 전투지원 및 전투근무지원과 결합된 기갑부대와 고도로 훈련된 보병부대의 파괴력은 이라크 군을 분쇄하였다. 18공정군단은 이라크 북부 100마일과 동부 70마일까지 세력을 확장하였으며, 7군단은 북부 100마일과 동부 55마일까지 진격하였다. 연합군은 이라크 전차 3,800여대와 보유한 절반 이상의 장갑차 및 3,000여문의 포를 파괴하였다. 또한 연합군은 60,000명의 포로를 포획하였다. 100여 시간의 전투 끝에 43개의 이라크 사단 중 불과 7개 사단만이 전투력을 발휘할 수 있는 상태로 남게 되었다. 연합군은 세계 4위의 이라크군을 완전히 분쇄하였으며 쿠웨이트를 탈환하는데 성공하였다.

2 공격시 여건조성작전

Shaping operations create conditions for the success of the decisive operation. They include attacks in depth to secure advantages for the decisive operation and to protect the force. Commanders conduct shaping operations by engaging enemy forces simultaneously throughout the AO. These attacks deny the enemy freedom of action and disrupt or destroy the coherence and tempo of his operations. Attacking enemy formations in depth destroys, delays, disrupts, or diverts enemy combat power.

shaping operations 여건조성작전, decisive operation 결정적작전, protect the force 부대를 방호하다, commander 지휘관, AO(area of operations) 작전지역, freedom of action 행동의 자유, disrupt 와해하다, destroy 격멸하다, coherence 응집력, tempo of enemy's operations 적의 작전속도, delay 지연하다, disrupt 와해하다, divert 전환하다, combat power 전투력

여건조성작전은 결정적작전의 승리를 위해 여건을 조성하는 것이다. 여건조성작전에는 결정적작전을 위한 이점 확보와 부대 방호를 위한 종심공격이 포함된다. 지휘관은 작전지역 전반에 걸쳐 동시다발적으로 적과 교전함으로써 여건조성작전을 수행한다. 이런 공격은 적의 행동의 자유를 거부하고 적의 응집력과 작전속도를 와해하거나 격멸한다. 종심에서 적 대형에 대한 공격은 적의 전투력을 격멸하고, 지연하며, 와해하고, 타 방향으로 전환시킨다.

They may expose or create vulnerabilities for exploitation. Shaping operations in the offense include -

- Shaping attacks designed to achieve one or more of the following:
  - Deceive the enemy.
  - Destroy or fix enemy forces that could interfere with the decisive operation.
  - Control terrain whose occupation by the enemy would hinder the decisive operation.
  - Force the enemy to commit reserves prematurely or into an indecisive area.
- Reconnaissance and security operations.
- Passages of lines.

- Breaching operations.
- Unit movements that directly facilitate shaping and decisive operations. Operations by reserve forces before their commitment.
- Interdiction by ground and air movement and fires, singularly or in combination.
- Offensive IO.

vulnerability 취약성, exploitation 전과확대, shaping operations in the offense 공격에서의 여건조성작전, deceive the enemy 적을 기만하다, destroy or fix enemy force 적 부대를 격멸하거나 고착하다, decisive operation 결정적 작전, terrain 지형, reserve 예비, reconnaissance 정찰, security operations 경계작전, passage of line 초월작전, breaching operations 통로개척작전, unit movement 부대이동, reserve force 예비대, commitment 투입, interdiction 차단, fire 화력, offensive IO 공세적 정보작전

여건조성작전은 전과확대를 위한 취약점을 노출시키거나 만들어낼 수 있다. 공격 시 여건조성작전은 아래 내용을 포함한다.

- 아래 중 하나 혹은 하나 이상을 달성하기 위해 계획된 여건조성공격
  - 적을 기만하라.
  - 아군의 결정적 작전을 방해할 수 있는 적 부대를 격멸시키거나 고착시켜라.
  - 적이 점령함으로써 결정적작전을 방해할 수 있는 지형을 통제하라.
  - 적으로 하여금 조기에 또는 결정적이지 않은 지역에 예비대를 투입하게 하라.
- 정찰 및 경계작전
- 초월작전
- 통로개척작전
- 직접적으로 여건조성작전과 결정적작전을 용이하게 하는 부대이동
- 투입 전 예비대에 의한 작전
- 단일 또는 통합된 지상, 공중이동 및 화력에 의한 차단
- 공세적 정보작전

Other shaping operations include activities in depth, such as counterfire and defensive IO. These shaping operations focus on effects that create the conditions for successful decisive operations.

counterfire 대화력, IO(information operations) 정보작전, decisive operations 결정적작전

기타 여건조성작전에는 대화력과 방어적 정보작전과 같은 종심에서의 활동을 포함한다. 이와 같은 여건조성작전은 성공적인 결정적작전을 위해 여건을 조성하는 효과에 주안을 둔다.

3-9 고착하다(fix)

적이 한 지역에서 부대의 어느 부분을 타 지역에 사용할 목적으로 전환하는 것을 방지하는 것.

3-10 초월작전(passage of lines)

한 부대가 다른 부대를 통과하는 작전으로 공격기세 유지, 작전지속능력 유지, 전투력의 보존 및 유지 그리고 기타 전술계획상의 필요에 의해서 실시하며 초월공격과 후방초월로 구분된다. 초월공격은 한 부대가 적과 접촉중인 부대를 통과하여 적 방향으로 나아가는 작전이며, 후방초월은 적과 접촉중인 부대가 다른 부대를 통과하여 적과 접촉을 단절하는 작전.

The advance, flank, or rear security forces conduct security operations. These elements –

- Provide early warning.
- Find gaps in defenses.
- Provide time to react and space to maneuver.
- Develop the situation.
- Orient on the force or facility to be secured.
- Perform continuous reconnaissance.
- Maintain enemy contact.

advance, flank, or rear security force 전방·측방 혹은 후방 경계부대, security operations 경계작전, element 부대, early warning 조기경고, defense 방어, space to maneuver 기동공간, secure 확보하다, reconnaissance 정찰, enemy contact 적과의 접촉

전방, 측방 혹은 후방경계부대는 경계작전을 수행한다. 경계부대는 조기경고를 제공하고, 방어부대의 간격을 탐색하고, 대응할 시간과 기동공간을 제공하고, 상황을 전개하고, 보호되어야 할 병력 또는 시설을 경계하고, 지속적인 정찰을 수행하고 적과의 접촉을 유지한다.

In extended and noncontiguous AOs, commanders secure or conduct surveillance of the gaps between subordinate units. Commanders secure gaps by assigning a force to secure the area, dedicating surveillance efforts to monitor it, designating a force to respond to an approaching enemy, or by installing and overwatching obstacles.

noncontiguous AO 서로 접촉하고 있지 않은 작전지역, surveillance 감시, gap 간격, subordinate unit 예하부대, assign a force 부대를 배치하다, designate a force 부대를 지정하다, overwatch 감시하다, obstacle 장애물

(방어진지가) 신장되고 서로 접촉하지 있지 않은 작전지역에서 지휘관은 예하부대 간의 간격이 발생하는 것을 방지하거나 (간격을) 감시해야 한다. 지휘관은 부대를 배치하거나, 그 지역을 주시하기 위하여 감시활동에 주의를 기울이거나, 접근하는 적에 대응할 수 있는 부대를 지정하거나, 장애물을 설치하고 감시함으로써 간격 발생을 방지해야 한다.

3 전투력지속작전

Sustaining operations in the offense ensure freedom of action and maintain momentum. They occur throughout the AO. CSS unit locations need not be contiguous with those of their supported forces. An extended major operation may place tactical units far from the original support area. Commanders may separate attacking forces from the CSS base, thus extending their lines of communication (LOCs). Commanders provide security to CSS units when operating with extended LOCs.

sustaining operations 전투력지속작전, freedom of action 행동의 자유, momentum 기세, AO(area of operations) 작전지역, CSS unit 전투근무지원 부대, supported force 피지원부대(↔지원부대 supporting force), major operation 주력작전, commander 지휘관, attacking force 공격부대, line of communications(LOC) 병참선, provide security 경계를 제공하다

공격 시 전투력지속작전은 행동의 자유를 보장하고 기세를 유지하게 한다. 전투력지속작전은 작전지역 전반에 걸쳐서 실시되어야 한다. 전투근무지원 부대의 위치는 피지원부대의 위치와 인접해 있을 필요는 없다. 확장된 주력작전에서 전술부대는 최초 지원지역에서 멀리 떨어진 곳에 위치할 수도 있다. 지휘관은 공격부대를 전투근무지원기지로부터 분리시켜 병참선이 확장될 수도 있다. 확장된 병참선에서 작전을 실시할 때 지휘관은 전투근무지원부대에 경계를 제공해야 한다.

5 기동의 형태
Forms of Maneuver

The five forms of maneuver are the envelopment, turning movement, infiltration, penetration, and frontal attack. While normally combined, each form of maneuver attacks the enemy differently. Each poses different challenges for attackers and different dangers for defenders. Commanders determine the form of maneuver to use by analyzing the factors of METT-TC.

form of maneuver 기동의 형태, envelopment, turning movement, infiltration, penetration, and frontal attack 포위, 우회기동, 침투, 돌파, 정면공격, commander 지휘관, factor of METT-TC 전tnf 력 고려 요소(메트 티 씨 요소)

기동의 다섯 가지 형태는 포위, 우회기동, 침투, 돌파, 정면공격이다. 각 기동형태는 일 반적으로 결합된 것이지만 각기 다르게 적을 공격한다. 각 기동형태는 공자에게는 각 기 다른 도전을, 방자에게는 각기 다른 위험을 야기한다. 지휘관은 전술적 고려 요소 (메트 티 씨 요소)를 분석함으로써 사용할 기동형태를 결정한다.

1 포위

The envelopment is a form of maneuver in which an attacking force seeks to avoid the principal enemy defenses by seizing objectives to the enemy rear to destroy the enemy in his current positions. At the tactical level, envelopments focus on seizing terrain, destroying specific enemy forces, and interdicting enemy withdrawal routes. (See Figure 3-2) Envelopments avoid the enemy front, where he is protected and can easily concentrate fires. Single envelopments maneuver against one enemy flank; double envelopments maneuver against both. Either variant can develop into an encirclement.

envelopment 포위, attacking force 공격부대, seize objective 목표를 탈취하다, enemy rear 적 후 방, destroy enemy 적을 격멸하다, position 진지, tactical level 전술적 수준, seize terrain 지형을 탈취하다, enemy force 적 부대, interdicting 차단, withdrawal route 철수로, enemy front 적 정면, single envelopment 단일포위, enemy flank 적 측방, double envelopment 양익포위, encirclement 전면포위

포위는 공격부대가 현 진지에서 적을 격멸하기 위하여 적 후방으로 목표를 탈취함으로써 주요 적 방어진지를 회피하고자 하는 기동형태이다. 전술적 수준에서 포위는 지형탈취, 특정 적 부대 격멸, 적 철수로 차단에 주안을 둔다. (그림 3-2 참조) 포위 시에는 적의 정면을 피해야 하는데, 정면은 적이 보호를 받고 화력을 용이하게 집중할 수 있는 곳이다. 일익 포위 시 부대는 적의 한쪽 측방으로 기동을 실시하며, 양익포위 시에는 적의 양 측방으로 기동을 실시한다. 어느 쪽이든 변형된 일익포위와 양익포위는 전면포위로 발전될 수 있다.

| 그림 3-2 | 포위

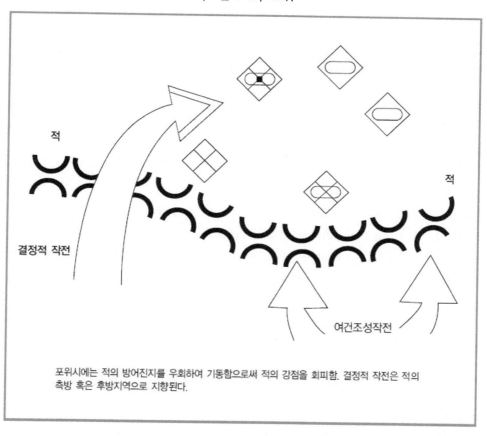

포위시에는 적의 방어진지를 우회하여 기동함으로써 적의 강점을 회피함. 결정적 작전은 적의
측방 혹은 후방지역으로 지향된다.

To envelop the enemy, commanders find or create an assailable flank. Sometimes the enemy exposes a flank by advancing, unaware of friendly locations. In other conditions, such as a fluid battle involving forces in noncontiguous AOs, a combination of air and indirect fires may create an assailable flank by isolating the enemy on unfavorable terrain.

envelop enemy 적을 포위하다 commander 지휘관 assailable flank 공격 가능한 측익 expose a flank 측방을 노출하다 noncontiguous AO(area of operations) 비접경 작전지역 air and indirect fire 공중 및 간접화력 unfavorable terrain 불리한 지형

적을 포위하기 위해 지휘관은 공격 가능한 측익을 찾아내거나 조성해야 한다. 때로는 적이 아군의 위치를 인식하지 못한 채 전진함으로써 측익을 노출시킨다. 서로 인접해 있지 않은 작전지역에서 유동적인 전투와 같은 다른 조건에서는 공중 및 간접화력을 통합하여 불리한 지형에 적을 고립시킴으로써 공격 가능한 측익을 조성할 수도 있다.

Attackers may also create an assailable flank by arriving from an unexpected direction. A vertical envelopment (an air assault or airborne operation) is an example of such a shaping operation. Attackers may also fix defenders' attention forward through a combination of fires and shaping or diversionary attacks. Attackers maneuver against the enemy's flanks and rear and concentrate combat power on his vulnerabilities before he can reorient his defense.

attacker 공자, assailable flank 공격 가능한 측익, unexpected direction 예상치 않은 방향, vertical envelopment(air assault or airborne operation) 수직포위(공중강습 혹은 공정작전), shaping operation 여건조성작전, fix defenders' attention 방자의 주의를 고착하다, fire and shaping or diversionary attack 화력과 여건조성공격 혹은 견제공격, enemy's flank and rear 적의 측방과 후방, combat power 전투력, vulnerability 취약점

또한 공자는 예상치 못한 방향에서 도달함으로써 공격 가능한 측익을 조성할 수 있다. 수직포위(공중강습 또는 공정작전)는 그와 같은 여건조성작전의 한 예이다. 공자는 또한 화력과 여건조성공격 또는 견제공격을 결합하여 방자의 관심을 전방으로 고착 시킬 수 있다. 공자는 적의 측·후방으로 기동하고, 적이 방어를 조정하기 전에 적의 취약점에 전투력을 집중해야 한다.

3-11 공중강습(air assault)

무장한 육군 항공기로 작전에 직접 투입하거나 전투(combat), 전투지원(combat support) 및 전투근무지원(combat service support)부대로 구성된 제병협동부대 (combined arms unit)인 공중 강습부대(air assault task force)와 장비(equipment) 를 공중강습부대장의 통제하에 육군 항공기로 이동시켜 지상전투에 투입하는 작전 으로 집결 및 이동대기, 탑재, 공중기동, 착륙, 지상전술단계로 진행된다.

3-12 공중기동(air maneuver)

공중강습의 한 단계로 공중기동계획에 의하여 기동을 실시하는 것으로 사전에 적 방공체계(enemy air defense system)를 효과적으로 제압하여야 하며, 기동 간에도 엄호기를 운용하는 등 즉각적인 화력지원(fire support)이 가능하도록 준비하고, 기 습효과를 달성하기 위하여 기도비닉(covert activity)과 기만작전(deception operations)실시하여야 한다.

3-13 공정작전(airborne operations)

전술적 또는 전략적 임무수행을 위하여 지상 전투부대(ground combat force)와 장 비(equipment)를 항공기의 의하여 목표지역으로 이동시키는 작전으로 공두보 (airhead)를 확보함으로써 종료된다. 임무(mission), 지휘(command), 규모, 항공기 의 형태 및 용도, 전투근무지원(combat service support) 면에서 공중기동작전(air maneuver operations)과 구분된다.

An envelopment may result in an encirclement. Encirclements are operations where enemy forces lose their freedom of maneuver because friendly forces are able to isolate them by controlling all ground lines of communications. An offensive encirclement is typically an extension of either a pursuit or envelopment. A direct pressure force maintains contact with the enemy, preventing his disengagement and reconstitution. Meanwhile, an encircling force maneuvers to envelop the enemy, cutting his escape routes and setting inner and outer rings. The outer ring defeats enemy attempts to break through to his encircled force. The inner ring contains the encircled force. If necessary, the encircling force organizes a hasty defense along the enemy escape route, while synchronizing joint or multinational fires to complete his destruction. All available means, including obstacles, should be used to contain the enemy. Then friendly forces use all available fires to destroy him. Encirclements often occur in nonlinear offensive operations.

envelopment 포위, encirclement 전면포위, freedom of maneuver 기동의 자유, opposing force(OPFOR, 앞포어) 상대방(대항군), line of communications(LOC) 병참선, pursuit 추격, disengagement 전투이탈, reconstitution 전투력 복원, encircling force 전면포위부대, escape route 퇴로, encircled force 전면포위 된 부대, hasty defense 급편방어, joint or multinational fire 합동 혹은 다국적군 화력, obstacle 장애물 contain 견제하다, nonlinear offensive operations 비선형 공격작전

어떤 포위는 전면포위로 귀결될 수 있다. 전면포위는 적이 기동의 자유를 상실하는 작전인데, (이는) 아군이 모든 지상 병참선을 통제함으로써 적을 고립시킬 수 있기 때문이다. 공세적 전면포위는 통상 추격 또는 포위의 연장이다. 직접압박부대는 적의 전투이탈과 전투력 복원을 방해하면서 적과 접촉한다(싸운다). 동시에 전면포위부대는 적의 퇴로를 차단하며 내부 및 외부 포위망을 형성하면서 적을 포위하기 위하여 기동한다. 외부 포위망은 전면포위된 부대로 정면돌파 하려는 적의 시도를 격퇴한다. 내부 포위망은 전면 포위된 부대를 견제한다. 필요하다면 전면포위부대는 적을 완전히 격멸하기 위해 합동 또는 다국적 화력을 동시통합하는 한편 적의 도주로를 따라 급편방어를 실시한다. 적을 견제하기 위해 장애물을 포함한 모든 가용수단이 사용되어야 한다. 아군은 적을 격멸하기 위해 모든 가용화력을 사용한다. 전면포위는 통상 비선형 공격작전에서 실시된다.

3-14 전투력 복원(reconstitution)

부대가 심대한 인적·물적 손실을 입어 정상적인 전투근무지원 절차를 통해서는 현행 및 장차작전 수행이 곤란할 때 전투력 회복을 위해 취하는 지휘조치로 전투력복원방법에는 재편성(reorganization)과 재조직(regeneration)이 있다.

3-15 재편성(reorganization)

긴급재편성과 정밀재편성이 있으며 긴급재편성은 피해부대 지휘관이나 1단계 상급지휘관이 전투지역 내에서 보유자원을 자체 조정하는 방법이며 정밀재편성은 2단계 상급지휘관이 전투력 복원 책임부대장이 되어 재편성부대를 안전지대로 이동시켜 자원을 조정시켜 전투력을 회복시키는 방법이다.

3-16 재조직(regeneration)

부대의 전투력이 50% 미만으로 저하되어 재편성 방법을 통해서는 임무수행에 필요한 전투력을 회복시킬 수 없을 때 실시하는 전투력 복원방법으로 복원부대를 안전지대로 이동시켜 병력(personnel), 장비(equipment), 보급품(supply)을 대규모로 보충(large−scale replacement)하고 지휘통제체계(C2, command and control)를 재구성하며 임무수행에 필요한 훈련(training)을 실시하여 전투임무에 복귀시키는 조치이다.

3-17 급편방어(hasty defense)

통상 적과 접촉 중이거나 접적이 긴박하여 정밀방어(deliberate defense) 편성을 위한 가용시간이 제한 될 때 형성하는 방어로 지형의 천연적인 방어력을 개선하여 방어작전을 실시하는 특징이 있으며 지연전(delaying action)을 실시하거나 철수(withdrawal)시에 번번이 일어난다.

2 우회기동

A turning movement is a form of maneuver in which the attacking force seeks to avoid the enemy's principal defensive positions by seizing objectives to the enemy rear and causing the enemy to move out of his current positions or divert major forces to meet the threat .(See Figure 3-3) A major threat to his rear forces the enemy to attack or withdraw rearward, thus "turning" him out of his defensive positions. Turning movements typically require greater depth than other forms of maneuver. Deep fires take on added importance. They protect the enveloping force and attack the enemy. Operation Chromite, the amphibious assault at Inchon during the Korean War, was a classic turning movement that achieved both strategic and operational effects.

turning movement 우회기동, form of maneuver 기동형태, attacking force 공격부대, defensive position 방어진지, seize objective 목표를 탈취하다, enemy rear 적 후방, attack 공격하다, withdraw 철수하다, depth 종심, deep fire 종심화력, enveloping force 포위부대, operation Chromite 크로마이트 작전, amphibious assault 상륙강습, strategic and operational effect 전략적·작전적 효과

우회기동은 적 후방으로 (공격하여) 목표를 탈취하고, 적을 현 진지에서 이탈하도록 하며, 아군의 위협에 대처하기 위해 적의 주요 부대를 전환하도록 함으로써 아군의 공격부대가 적의 주요방어진지를 회피하고자 하는 기동형태이다. (그림 3-3 참조) 적 후방에 대한 주 위협은 적을 후방으로 공격 또는 철수하도록 강요함으로써 적을 방어진지로부터 이탈시킨다. 우회기동은 전형적으로 타 기동형태보다 더 깊은 종심을 필요로 한다. 종심화력의 중요성이 증대된다. 종심화력으로 포위부대를 방호하고 적을 공격한다. 한국전쟁 중 인천에서의 상륙강습인 크로마이트 작전은 전략적 효과와 작전적 효과를 모두 달성했던 전형적인 우회기동이다.

3-18 상륙강습(amphibious assault)

    적의 반격을 무릅쓰고 적지에서 작전을 수행하기 위하여 해상으로부터 인접 육상지역에 군사력을 투입하는 것이다.

3-19 종심화력 전투(fire combat in depth)

    적이 전방부대와 접촉하기 이전에 전(全) 전장 동시전투개념에 의거 적을 무력화하기 위해 적 2제대 및 적 화력지원 수단에 대한 화력전투를 실시함으로써 차후작전의 성공을 보장하기 위해 실시하는 전투이다.

| 그림 3-3 |　우회기동

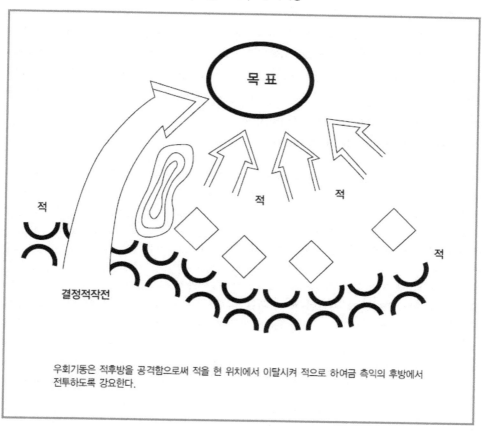

우회기동은 적후방을 공격함으로써 적을 현 위치에서 이탈시켜 적으로 하여금 측익의 후방에서 전투하도록 강요한다.

3 침투

An infiltration is a form of maneuver in which an attacking force conducts undetected movement through or into an area occupied by enemy forces to occupy a position of advantage in the enemy rear while exposing only small elements to enemy defensive fires. (See Figure 3-4) The need to avoid being detected and engaged may limit the size and strength of infiltrating forces. Infiltration rarely defeats a defense by itself. Commanders direct infiltrations to attack lightly defended positions or stronger positions from the flank and rear, to secure key terrain to support the decisive operation, or to disrupt enemy sustaining operations. Typically, forces infiltrate in small groups and reassemble to continue their mission.

infiltration 침투, form of maneuver 기동형태, attacking force 공격부대, undetected movement 은밀한 이동, position of advantage 유리한 위치, enemy rear 적 후방, small element 소규모 부대, enemy defensive fire 적 방어사격, infiltrating force 침투부대, lightly defended position 약하게 방어하고 있는 진지, key terrain 주요지형, decisive operation 결정적작전, disrupt 와해하다, sustaining operations 전투력지속작전, reassemble 재집결하다, mission 임무

침투 시 공격부대는 소규모의 부대만을 적 방어사격에 노출시키는 한편 적 후방에서 유리한 위치를 점령하기 위하여 적 부대에 의해 점령된 지역으로 은밀한 기동을 실시하는 기동형태이다. (그림 3-4 참조) 은밀한 기동과 교전을 회피하기 위해 침투부대의 규모와 강도를 제한할 수 있다. 침투자체만으로 방어진지를 격퇴하는 일은 드물다. 지휘관은 약하게 편성된 방어진지 혹은 측·후방의 강한 지점을 공격하거나, 결정적작전을 지원하기 위해 주요지형을 확보하거나, 적의 전투력지속작전을 와해하기 위해 침투를 지휘한다. 전형적으로 부대는 소규모로 침투하여 임무를 계속수행하기 위해 재집결한다.

|그림 3-4 | 침투

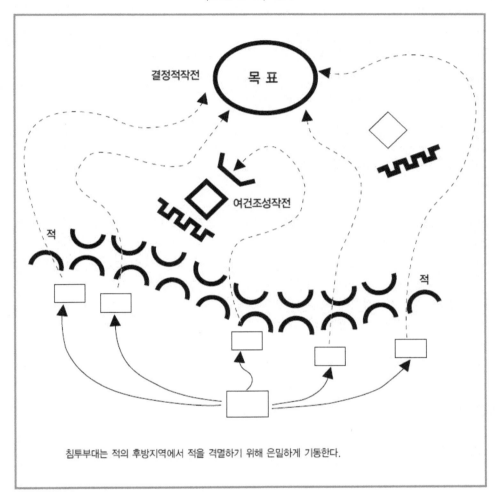

침투부대는 적의 후방지역에서 적을 격멸하기 위해 은밀하게 기동한다.

4 돌파

A penetration is a form of maneuver in which an attacking force seeks to rupture enemy defenses on a narrow front to disrupt the defensive system. (See Figure 3-5) Commanders direct penetrations when enemy flanks are not assailable or time does not permit another form of maneuver. Successful penetrations create assailable flanks and provide access to enemy rear areas. Because penetrations frequently are directed into the front of the enemy defense, they risk significantly more friendly casualties than envelopments, turning movements, and infiltrations.

penetration 돌파, form of maneuver 기동형태, attacking force 공격부대, narrow front 좁은 정면, disrupt the defensive system 방어체계를 와해하다, commander 지휘관, enemy flank 적 측방, rear area 후방지역, enemy defense 적 방어, friendly casualty 우군 사상자, envelopment 포위, turning movement 우회기동, infiltration 침투

돌파는 공격부대가 방어체계를 와해하기 위하여 적의 협소한 방어정면으로 적 부대를 분쇄하고자 하는 기동형태이다. (그림 3-5 참조) 지휘관은 적의 측방에 대한 공격이 가능하지 않거나 시간여건상 타 기동형태가 허용되지 않을 경우 돌파를 지시한다. 성공적인 돌파는 공격 가능한 측익을 형성하고 적 후방지역으로 접근할 수 있게 한다. 돌파는 종종 적 방어정면에 지향되므로 포위, 우회기동, 침투보다 훨씬 더 많은 아군의 사상자 발생을 감수해야 한다.

| 그림 3-5 | 돌파

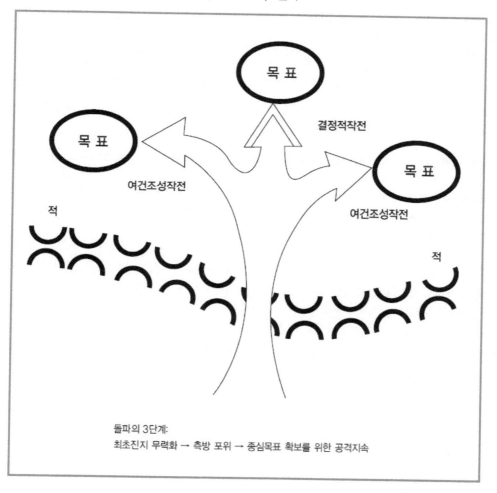

돌파의 3단계:
최초진지 무력화 → 측방 포위 → 종심목표 확보를 위한 공격지속

Swift concentration and audacity are particularly important during a penetration. Commanders mass effects from all available fires at the point of penetration to make the initial breach. Then they widen the penetration by enveloping enemy units on its shoulders and pass forces through to secure objectives in the enemy rear or defeat the penetrated enemy forces in detail. Forces making the initial breach move rapidly to avoid enemy counterattacks to their flanks. Follow-on forces secure the shoulders and widen the breach. Throughout all phases, fires in depth target enemy indirect fire assets, units along the shoulders of the penetration, and counterattack forces. Other friendly forces fix enemy forces that can move against the penetration with attacks, fires, feints, and demonstrations.

concentration 집중, audacity 대담성, penetration 돌파, commander 지휘관, all available fire 가용한 모든 화력, the initial breach 최초 돌파구, by enveloping 포위함으로써, shoulders 견부, objective 목표, defeat in detail 각개격파하다, counterattack 역습, flank 측방, follow-on force 후속부대, fire in depth 종심화력, indirect fire 간접화력, fix enemy force 적 부대를 고착하다, attack, fire, feint, and demonstration 공격, 화력, 양공, 양동

돌파 중 신속한 집중과 대담성은 특히 중요하다. 지휘관은 최초 돌파구를 형성하기 위해 돌파지점에 가용한 모든 화력으로 효과를 집중한다. 그런 후 지휘관은 적 후방에서 목표를 확보하거나 돌파된 적 부대를 각개격파하기 위해 견부에서 적을 포위함으로써 돌파구를 확장하고 확장된 돌파구를 통해 부대를 투입한다. 최초돌파구를 형성하는 부대는 양 측방으로 적이 역습해오는 것을 피하기 위해 신속히 이동한다. 후속부대는 견부를 확보하고 돌파구를 확장한다. 전 단계에 걸쳐 종심화력은 적의 간접화력자산, 돌파구 견부상의 부대, 역습부대를 표적으로 삼는다. 기타 아군부대는 공격, 화력, 양공, 양동으로 돌파에 대항하여 이동할 수 있는 적 부대를 고착한다.

3-20 견부(肩部, shoulder)

기동로(maneuver route)를 직접 통제 가능하고 이를 확보함으로써 공자의 진출을 거부하거나 제한할 수 있는 기동로에 인접한 중요지형(key terrain)으로, 전방(front), 측방(flank) 및 후방(rear)을 통제할 수 있고 적의 진출에 있어서 필히 확보되지 않으면 안되는 요충지 또는 살상지역(killing zone)을 형성할 수 있고 차후작전(future operations)의 이점을 제공하는 곳을 말한다.

If sufficient combat power is available, operational commanders may direct multiple penetrations. Commanders carefully weigh the advantage of such attacks. Multiple penetrations force the enemy to disperse his fires and consider multiple threats before committing his reserves. Commanders then decide how to sustain and exploit multiple penetrations and whether penetrating forces converge on one deep objective or attack multiple objectives. At the tactical level, there is normally insufficient combat power to conduct more than one penetration.

combat power 전투력, operational commander 작전제대 지휘관, multiple penetration 복식돌파, attack 공격, disperse his fire 적의 화력을 분산시키다, commit reserve 예비대를 투입하다, sustain 지속 유지하다, exploit 전과를 확대하다, deep objective 종심목표, multiple objective 다중목표, tactical level 전술적 수준

충분한 전투력이 가용하다면 작전제대 지휘관은 복식돌파를 지시할 수 있다. 지휘관은 그런 공격의 이점을 신중히 고려해야 한다. 복식돌파는 적으로 하여금 화력을 분산시키고, 예비대를 투입하기 전에 다중 위협을 고려하도록 강요한다. 그 후 지휘관은 복식돌파를 지속유지하고 확대하는 방법을 결정하고, 돌파부대가 하나의 종심목표에 집중할 것인지 아니면 다수의 목표를 공격할 것인가를 결정한다. 전술적 수준에서 보통 하나 이상의 돌파를 시행하기에는 전투력이 충분치 않다.

> 3-21 복식돌파(multiple penetration)
> 대규모의 공격부대가 적의 방어진지를 2개소 이상에서 돌파하여 목표를 확보함으로써 적을 각개격파 하는(defeat the enemy in detail) 돌파기동형태의 변형이다.

5 정면공격

A frontal attack is a form of maneuver in which an attacking force seeks to destroy a weaker enemy force or fix a larger enemy force in place over a broad front .(See Figure 3-6) At the tactical level, an attacking force can use a frontal attack to rapidly overrun a weaker enemy force. A frontal attack strikes the enemy across a wide front and over the most direct approaches.

Commanders normally use it when they possess overwhelming combat power and the enemy is at a clear disadvantage. Commanders mass the effects of direct and indirect fires, shifting indirect and aerial fires just before the assault. Success depends on achieving an advantage in combat power throughout the attack.

frontal attack 정면공격, attacking force 공격부대, destroy 격멸하다, fix 고착하다, broad front 광정면, tactical level 전술적 수준, weaker enemy force 약한 적 부대, strike 타격하다, wide front 광정면, overwhelming combat power 압도적 전투력, direct and indirect fire 직접 및 간접화력, shift 전환하다, indirect and aerial fire 간접 및 항공화력, assault 돌격하다, combat power 전투력

정면공격은 공격부대가 약한 적 부대를 격멸하거나 광정면에 걸쳐 대규모의 적을 고착시키고자 하는 기동형태이다. (그림 3-6 참조) 전술적 수준에서 공격부대는 약한 부대를 신속하게 압도하기 위해 정면공격을 실시할 수 있다. 정면공격은 적의 광정면에 걸쳐 최단거리 접근로를 이용해 적을 타격한다. 지휘관은 통상 아군이 압도적으로 우세한 전투력을 보유할 때나 적이 명백하게 불리한 경우에 처해 있을 때 정면공격을 한다. 지휘관은 돌격 직전에 간접 및 공중화력을 전환하면서 직접 및 간접화력 효과를 집중한다. 정면공격의 성공은 공격 전체에 걸친 전투력의 우세에 달려있다.

| 그림 3-6 | 정면공격

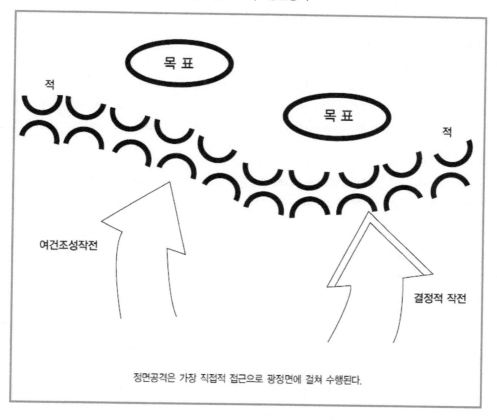

정면공격은 가장 직접적 접근으로 광정면에 걸쳐 수행된다.

The frontal attack is frequently the most costly form of maneuver, since it exposes the majority of the attackers to the concentrated fires of the defenders. As the most direct form of maneuver, however, the frontal attack is useful for overwhelming light defenses, covering forces, or disorganized enemy resistance. It is often the best form of maneuver for hasty attacks and meeting engagements, where speed and simplicity are essential to maintain tempo and the initiative. Commanders may direct a frontal attack as a shaping operation and another form of maneuver as the decisive operation. Commanders may also use the frontal attack during an exploitation or pursuit. Commanders of large formations conducting envelopments or penetrations may direct subordinate elements to conduct frontal attacks as either shaping operations or the decisive operation.

frontal attack 정면 공격, form of maneuver 기동형태, attacker 공자, concentrated fire 집중화력, defender 방자, light defense 경미한 방어, covering force 엄호부대, disorganized enemy resistance 지리멸렬한 적 저항, hasty attack 급속공격, meeting engagement 조우전 speed 속도, simplicity 간명성, tempo 작전속도, initiative 주도권, shaping operation 여건조성작전, decisive operation 결정적작전, exploitation 전과확대, pursuit 추격, envelopment 포위, penetration 돌파, subordinate element 예하부대

정면공격은 종종 가장 희생이 큰 기동형태인데, 이는 방자의 집중화력에 공자의 대부분이 노출되기 때문이다. 그러나 정면공격은 가장 직접적인 기동형태로서 경미한 적 방어, 엄호부대, 지리멸렬한 적 저항을 압도하는데 유용하다. 작전속도와 주도권을 유지하기 위해 속도와 간명성이 필수인 급속공격과 조우전에 있어서 정면공격은 최상의 기동형태이다. 지휘관은 정면공격을 여건조성작전의 하나로 지시하고, 또 다른 기동형태를 결정적작전으로 지시할 수 있다. 또한 지휘관은 전과확대 또는 추격 간에도 정면공격을 사용할 수 있다. 포위 또는 돌파를 실시하는 대규모 부대의 지휘관은 예하부대에게 여건조성작전 또는 결정적작전으로 정면공격을 시행토록 지시할 수 있다.

3-22 급속공격(hasty attack)
적에 관한 정보와 시간의 부족으로 충분한 준비를 갖추지 못하고 실시하는 공격. 이는 즉각 가용한 자원으로서 부대의 공격기세(momentum of attack)를 유지하고 적이 방어편성(defense organization)을 하기 전에 적의 후방(rear)을 신속히 강타(strike)하기 위하여 실시한다.

3-23 조우전(meeting engagement)

불완전한 전개 상태에서 이동하고 있는 부대가 불충분한 정보로 인하여 이동 중이나 정지하고 있는 적과 조우되었을 때 일어나는 전투행위이다.

3-24 엄호부대(covering force)

적이 본대(main body)를 공격하기 전에 적을 차단(interdiction), 교전(engagement), 지연(delay), 와해(disruption) 및 기만(deception)할 목적으로 본대로부터 이격되어 작전하는 경계부대(security force)를 말한다.

6 공격작전의 유형
Types of Offensive Operations

The four types of offensive operations are movement to contact, attack, exploitation, and pursuit. Commanders direct these offensive operations sequentially and in combination to generate maximum combat power and destroy the enemy. For instance, a successful attack may lead to an exploitation, which can lead to a pursuit. A deliberate attack to complete the enemy's destruction can follow a pursuit. In other cases, commanders may direct an attack against the enemy during a pursuit to slow his withdrawal.

offensive operations 공격작전, **movement to contact** 접적전진, **attack** 공격, **exploitation** 전과확대, **pursuit** 추격

공격작전의 네 가지 유형은 접적전진, 공격, 전과확대, 추격이다. 지휘관은 이러한 공격작전이 전투력을 극대화하고 적을 격멸할 수 있도록 연속적이며 통합적으로 시행되도록 지시한다. 예를 들면 성공적인 공격은 전과확대로 이어지며, 전과확대는 다시 추격으로 이어질 수 있다. 적을 완전히 격멸하기 위한 정밀공격이 추격에 이어 일어날 수 있다. 또 다른 경우 지휘관은 추격간 적의 철수를 지연시키기 위해 적에 대한 어떤 공격을 지시할 수 있다.

Commanders combine and sequence movements to contact, attacks, exploitations, and pursuits to gain the greatest advantage. Attacks do not always lead to exploitations and pursuits. For example, spoiling attacks, feints, and demonstrations rarely develop into exploitations; however, circumstances may allow commanders to exploit an unexpected success with a full-scale attack.

commander 지휘관, **sequentially** 연속적으로, **combat power** 전투력, **destroy the enemy** 적을 격멸하다, **successful attack** 성공적인 공격, **deliberate attack** 정밀공격, **withdrawal** 철수, **spoiling attack** 파쇄공격, **feint** 양공, **demonstration** 양동, **unexpected success** 예상치 못한 성공, **full-scale attack** 대규모 공격

지휘관은 최대의 이점을 확보하기 위해 접적전진, 공격, 전과확대, 추격을 결합하고 연계시킨다. 공격이 항상 전과확대와 추격으로 이어지는 것은 아니다. 예를 들면 파쇄공격, 양공, 양동이 전과확대로 진전되는 경우는 매우 드물다. 그러나 상황에 따라 지휘관은 전면공격으로 예상치 못한 성공을 확대할 수 있다.

> ## 3-25 파쇄공격(spoiling attack)
> 적이 공격을 위해서 대형(formation)을 갖추거나 집결 중에 있을 때 적의 공격(enemy attack)을 현저히 방해하기 위해서 운용되는 전술적인 기동(tactical maneuver). 적의 공격준비(attack preparation)단계에 방자(defender)가 적 부대의 일부를 분쇄하고 적 부대의 균형을 와해시키며 적 공격의 발판이 될 지형을 일시적으로 탈취(seize)하여 방어지역에 대한 적의 지상관측과 감시(ground observation and surveillance)를 거부하기 위하여 방어지역 전방에 있는 적 부대에 대하여 감행하는 방어 시 공세행동(offensive action)의 하나이다.

Commanders recognize that the many types of offensive and defensive operations may run together with no discernible break. They employ spoiling attacks while defending to slow the enemy tempo until they are ready to attack. As they prepare to transition from one offensive operation to another, or from offense to defense, commanders can conduct a feint in one area to divert enemy attention from operations elsewhere.

commander 지휘관, **offensive and defensive operations** 공격 및 방어작전, **spoiling attack** 파쇄공격, **defend** 방어하다, **enemy tempo** 적 작전속도, **conduct a feint** 양공작전을 수행하다, **divert enemy attention** 적의 주의를 전환하다

지휘관은 다양한 형태의 공격 및 방어작전이 확실한 구분 없이 함께 수행될 수 있다는 것을 인식해야 한다. 지휘관은 공격준비가 될 때까지 적의 작전속도를 둔화시키기 위해 방어 중에 파쇄공격을 실시한다. 지휘관은 공격작전에서 타 작전으로 또는 공격에서 방어로 전환할 때 현 작전으로부터 적의 주의를 다른 곳으로 전환하기 위해 어느 한 지역에서 양공을 실시할 수 있다.

A form of troop movement precedes an offensive operation. The three forms of troop movement are administrative movement, tactical road marchand approach march. An administrative movement is a movement in which troops and vehicles are arranged to expedite their movement and conserve time and energy when no enemy interference, except by air, is anticipated. Administrative movements occur in areas where enemy forces do not pose an immediate threat to operations and heightened security is not necessary.

troop movement 부대이동, offensive operation 공격작전, administrative movement 행정적 이동, tactical road march 전술도보행군, approach march 접적행군, troop and vehicle 부대와 차량, enemy interference 적 방해, enemy force 적 부대, immediate threat to operations 작전에 집적적인 적 위협, heightened security 강화된 경계

부대이동은 종종 공격작전에 선행한다. 부대이동은 행정적 이동, 전술적 도보행군, 접적행군의 세 가지 형태로 실시된다. 행정적 이동은 공중방해를 제외한 적의 방해가 예상되지 않을 때 이동을 신속히 하고, 시간과 활동력을 보장하기 위하여 부대와 차량을 갖추고 하는 이동이다. 행정적 이동은 작전에 즉각적인 위협을 주지 않고, 강화된 경계가 필요하지 않는 지역에서 일어난다.

A tactical road march is a rapid movement used to relocate units within an area of operations to prepare for combat operations. Although contact with enemy forces is not anticipated, security against air attack, enemy SOF, and sympathizers is maintained and the unit is prepared to take immediate action against an enemy threat. Tactical road marches occur when a force must maintain security or when movements occur within range of enemy influence. Commanders may still execute tactical road marches in low-threat environments to maintain C2 and meet specific movement schedules.

relocate unit 부대를 재배치하다, area of operations(AO) 작전지역, combat operations 전투작전, contact with enemy force 적과의 접촉, security 경계, air attack 공중공격, SOF(special operations force, 쏘오프) 특수작전부대, take immediate action 즉각 행동을 취하다, enemy threat 적 위협, range of enemy influence 적 영향범위, low-threat environment 위협이 적은 상황, C2(command and control) 지휘통제

전술적 도보행군은 전투작전을 준비하기 위해 작전지역 내에서 부대를 재배치하는데 사용되는 신속한 이동형태이다. 비록 적 부대와의 접촉이 예상되지 않는 경우라 하더라도 공중공격, 적 특수전부대, 적 우호세력에 대비한 경계는 유지되어야 하며, 부대는 적의 위협에 대비해 즉각 행동을 취할 수 있도록 준비되어야 한다. 전술적 도보행군은 부대가 경계를 유지해야 할 때나 적 영향범위 내에서 이동이 실시될 때 일어난다. 지휘관은 지휘통제를 유지하고 특정한 이동 일정을 충족시키기 위하여 위협이 적은 환경에서 전술적 도보행군을 실시할 수 있다.

An approach march is the advance of a combat unit when direct contact with the enemy is intended. Soldiers are fully or partially deployed. Commanders direct an approach march when they are relatively certain of the enemy location and are a considerable distance from it. They decide where their forces can deploy into attack formations that facilitate the initial contact and still provide freedom of action for the bulk of their forces. In contiguous AOs, a passage of linesoften precedes or follows an approach march.

approach march 접적행군, combat unit 전투부대 direct contact with the enemy 적과의 직접적 접촉, deploy 전개하다, enemy location 적 위치, attack formation 공격대형, initial contact 최초 접촉, freedom of action 행동의 자유, contiguous AO(area of operations) 접경 작전지역, passage of lines 초월전진, precede 선행하다, follow 뒤따라 일어나다

접적행군은 적과의 직접적인 접촉이 의도적으로 요구될 때 실시되는 전투부대의 전진이다. (접적행군 시) 병력들은 전체가 전개되기도 하고 부분적으로 전개되기도 한다. 지휘관은 적 위치가 비교적 확실하고 적으로부터 상당한 거리에 떨어져 있을 때 접적행군을 지시한다. 지휘관은 부대가 공격대형으로 전개할 수 있는 곳을 결정해야 하는데, 이 공격대형은 최초접촉을 용이하게 하고 아군부대 다수에게 행동의 자유를 제공해야 한다. 부대가 서로 인접해서 배치된 작전지역에서는 종종 초월전진이 접적행군에 선행하거나 후속한다.

1 접적전진

The movement to contact is a type of offensive operation designed to develop the situation and establish or regain contact. Forces conducting a movement to contact seek to make contact with the smallest force feasible. On contact, the commander has five options: attack, defend, bypass, delay, or withdraw.

movement to contact 접적전진, **offensive operation** 공격작전, **situation** 상황, **contact** 접촉, **attack** 공격, **defend** 방어, **bypass** 우회, **delay** 지연, **withdraw** 철수

접적전진은 상황을 전개하거나 적과 접촉을 시도하거나 회복하기 위해 실시되는 공격 작전의 형태이다. 접적전진을 실시하는 부대는 가능한 최소한의 부대와 접촉을 시도한다. 접촉 시 지휘관은 공격, 방어, 우회, 지연 또는 철수와 같은 다섯 가지 선택을 할 수 있다.

A successful movement to contact requires units with sufficient mobility, agility, and combat power to gain enemy contact and rapidly develop the situation. Six fundamentals apply:
- Focus all efforts on finding the enemy.
- Make initial contact with the smallest element possible, consistent with protecting the force.
- Make initial contact with small, mobile, self-contained forces to avoid decisive engagement of the main body on ground chosen by the enemy. Doing this allows the commander maximum flexibility to develop the situation.
- Task organize the force and use movement formations to deploy and attack rapidly in any direction.
- Keep forces postured within supporting distances to facilitate a flexible response.
- Maintain contact once gained.

movement to contact 접적전진, mobility, agility, and combat power 기동력, 민첩성, 전투력, element 부대, protect the force 부대를 방호하다, self-contained force 단독작전이 가능한 부대, decisive engagement 결정적 교전, main body 본대, commander 지휘관, flexibility 융통성, develop the situation 상황을 전개하다, task organize 전투편성을 하다, movement formation 이동대형, deploy 전개하다, attack 공격하다, supporting distance 지원거리, flexible response 융통성 있는 대응

성공적인 접적전진은 적과 접촉하고 신속하게 상황을 전개하기 위해 충분한 기동력과 민첩성과 전투력을 요구한다. 적용되는 여섯 가지 원칙은 다음과 같다.

- 적을 찾는데 모든 노력을 집중하라.
- 부대방호와 아울러 가능한 최소 규모의 부대와 최초 접촉을 하라.
- 적에 의해 선택된 지형에서 본대의 결정적 교전을 피하기 위해 소규모이고, 기동성이 있고, 단독작전이 가능한 부대로 최초접촉을 하라. 이렇게 하면 상황전개를 위해 지휘관은 최대한의 융통성을 가질 수 있다.
- 부대를 전투를 할 수 있도록 편성하고, 어떤 방향으로도 신속하게 전개하고 공격할 수 있는 이동대형을 사용하라.
- 유연한 대응을 용이하게 하는 지원거리 내에서 부대를 운용하라.
- 일단 (적과) 접촉이 되면 접촉을 유지하라

Commanders organize forces to provide all-around security. This normally requires advance, flank, and rear guards. They lead with a combined arms security force to locate and fix the enemy. Corps and divisions normally organize a powerful, self-contained covering force to do this. Smaller formations organize security forces within the limits of their resources. Commanders employ the security force far enough ahead of the main body to provide enough time and space to react to enemy contact. Guard formations remain within supporting range of the main body. Advance and flank guards perform continuous reconnaissance to the front and flanks of the main body. They destroy or suppress small enemy forces so they cannot threaten the main body. The advance guard moves as fast and as far ahead of the main body as possible without moving beyond supporting range. The main body provides the advance guard, normally organized as a separate element. Main body units normally provide and control flank and rear security forces.

all-around security 전방위 경계, **advance, flank, and rear guard** 전위, 측위, 후위, **combined arms security force** 제병협동경계부대, **locate and fix the enemy** 적을 발견하고 고착하다, **corps** 군단, **division** 사단, **self-contained covering force** 단독작전이 가능한 엄호부대, **security force** 경계부대, **main body** 본대, **enemy contact** 적 접촉, **supporting range** 지원범위, **reconnaissance** 수색정찰, **front and flank of the main body** 본대의 전방 및 측방, **small enemy force** 소규모 적 부대, **separate element** 독립부대

지휘관은 전방위 경계를 제공할 수 있도록 부대를 편성해야 한다. 전방위 경계는 보통 전위, 측위, 후위를 요구한다. 지휘관은 적을 발견하고 고착하기 위해 제병협동 경계부 대를 운용한다. 군단 및 사단은 통상 전방위 방호를 위해 강력하고 단독작전이 가능한 엄호부대를 편성한다. 소부대는 부대의 능력 범위 내에서 경계부대를 편성한다. 지휘 관은 적과의 접촉에 대응할 수 있는 충분한 시간과 공간을 제공하기 위해 본대에서 충 분히 떨어진 전방에 경계 부대를 운용한다. 경계부대는 본대의 지원범위 내에서 유지 한다. 전방 및 측방 경계부대는 본대의 전방 및 측방에 지속적인 수색정찰을 수행한다. 경계부대는 본대에 위협을 가할 수 없도록 소규모 적 부대를 격멸 또는 제압한다. 전 방경계부대는 지원거리를 벗어나지 않고 가능한 신속하게, 가능한 본대 앞에서 멀리 떨어져 이동한다. 본대는 통상 독립부대로 조직된 전방경계부대를 운용한다. 본대의 부대는 측방 및 후방경계부대를 제공하고 통제한다.

Security forces remain oriented on the main body, taking into account enemy capabilities and the terrain. They bypass or breach obstacles in stride. Commanders decentralize movement authority to leaders on the front and flanks. Normally, commanders should position themselves well forward during movements to contact.

security force 경계부대, **enemy capability** 적 능력, **terrain** 지형, **bypass** 우회하다, **breach obstacle** 장애물을 돌파하다, **commander** 지휘관, **movements to contact** 접적전진

경계부대는 적의 능력 및 지형을 고려하여 본대로 지향된다. 경계부대는 신속히 장애 물을 우회 또는 돌파한다. 지휘관은 전방 및 측방부대의 지휘관에게 부대의 이동권한 을 분권화 한다. 지휘관은 접적전진 간 통상 충분한 전방에 위치해야 한다.

탐색 및 공격

Search and attack is a technique for conducting a movement to contact that shares many of the characteristics of an area security mission. Light and medium maneuver units, attack aviation, air cavalry, and air assault units normally conduct them. The purpose of a search and attack operation is to destroy enemy forces, protect the friendly force, deny an area to the enemy, or collect information. Commanders direct search and attack when the enemy disperses in close terrain unsuited for heavy forces, when they cannot find enemy weaknesses, or when they want to deny the enemy movement in an area. They also direct search and attack against enemy infiltrators or SOF operating in a given area. Search and attack is useful in area security missions, such as clearing AOs.

search and attack 탐색 및 공격, area security mission 지역경계임무, maneuver unit 기동부대, attack aviation 육군항공, air cavalry 공중수색, air assault unit 공중강습부대, destroy enemy force 적 부대를 격멸하다, friendly force 아군부대, information 첩보, close terrain 밀집지형, enemy weakness 적 약점, enemy movement 적 이동, enemy infiltrator 적 침투부대, SOF(special operations force) 적 특수작전부대, area security mission 지역 경계임무, AO(area of operations) 작전지역

탐색 및 공격은 접적전진을 수행하는 일종의 기술인데, 이는 지역경계임무의 특징 중 많은 것을 공유한다. 통상 경(經)기동부대, 중(中)기동부대, 육군항공부대, 공중수색부대, 공중강습부대가 탐색 및 공격을 수행한다. 탐색 및 공격작전의 목적은 적 부대 격멸, 아군 방호, 적의 지역 확보 거부, 첩보수집이다. 지휘관은 대규모의 적이 적합하지 않은 밀집지형에서 분산되어 있거나, 적의 약점을 찾을 수 없을 때 혹은 어떤 지역에서 적의 이동을 거부하고자 할 때 탐색 및 공격을 지시한다. 지휘관은 또 침투부대 혹은 주어진 작전지역에서 적 침투병력 혹은 특수작전부대 운용에 대비하여 탐색 및 공격을 지시한다. 탐색 및 공격은 작전지역 소탕과 같은 지역경계임무에 유용하다.

조우전

A meeting engagement is a combat action that occurs when a moving force engages an enemy at an unexpected time and place. Such encounters normally occur by chance in small unit operations, typically when two moving forces collide. They may result in brigade or larger unit operations when intelligence, surveillance, and reconnaissance (ISR) operations have been ineffective. Meeting engagements can also occur when opposing forces are aware of the general presence but not the exact location of each other and both decide to attack immediately. On contact, commanders quickly act to gain the advantage. Speed of action and movement, coupled with both direct and indirect fires, are essential. To maintain momentum, lead elements quickly bypass or fight through light resistance. Freedom to maneuver is always advantageous; however, commanders may choose to establish a hasty defense if the enemy force is larger or the terrain offers a significant benefit.

meeting engagement 조우전, combat action 전투행위, engage enemy 적과 교전하다, encounter(=engagement) 교전, small unit operations 소부대 작전, moving force 이동 중인 부대, brigade 여단, intelligence, surveillance, and reconnaissance(ISR) 정보·감시·정찰, opposing force(OPFOR, 앞포어) 적(상대방), commander 지휘관, gain advantage 이점을 얻다, direct and indirect fire 직·간접 화력, momentum 기세, lead element 선두부대, light resistance 경미한 저항, freedom to maneuver(freedom of maneuver) 기동의 자유, hasty defense 급편방어, terrain 지형

조우전은 이동 중인 부대가 예상치 못한 시간과 장소에서 적과 교전할 때 일어나는 전투행위이다. 그러한 교전은 통상 두 개의 이동부대가 서로 충돌할 때 소부대 작전에서 우연히 발생한다. 정보·감시·정찰 작전이 제대로 이루어지지 않을 때 이러한 교전은 여단 이상의 대부대 작전을 초래한다. 또한 적이 피·아간의 개략적인 존재는 인식하고 있으나 정확한 위치는 파악하지 못한 상태에서 즉각적으로 공격을 결정할 때도 조우전이 일어날 수 있다. (적과) 접촉 시 지휘관은 신속하게 이점을 얻기 위해 행동해야 한다. 직·간접 화력으로 결합된 (부대의) 행동과 이동 속도는 매우 중요하다. 기세를 유지하기 위해 선두부대는 신속하게 우회하거나 경미하게 저항하며 싸운다. 자유로운 기동은 늘 유리하다. 그러나 적이 (아군보다) 수가 많고, 지형이 상당한 이점을 제공한다면 지휘관은 급편방어 태세를 취할 수도 있다.

The initiative and audacity of small unit leaders are essential for the friendly force to act faster than the enemy. Commanders balance focusing combat power rapidly with keeping other options open and maintaining pressure on the enemy. In meeting engagements, the force that gains and retains the initiative wins. Commanders seize and maintain the initiative through battle command: rapidly visualizing the situation, deciding what to do, and directing forces to destroy enemy combat power. A successful meeting engagement fixes or reduces the enemy force with maneuver and massed, overwhelming fires-both direct and indirect-while the friendly force bypasses or attacks it.

initiative 주도권, audacity 대담성, small unit leader 소부대 지휘자(관), friendly force 아군부대, combat power 전투력, pressure on the enemy 적에 대한 압박, meeting engagement 조우전, seize and maintain the initiative 주도권을 장악하고 유지하다, battle command 전투지휘, fix 고착하다, enemy force 적 부대, maneuver 기동, overwhelming fire 압도적 화력, friendly force 아군부대, bypass 우회하다, attack 공격하다

소부대 지휘관(자)의 주도권과 대담성은 아군이 적보다 더 빨리 행동하기 위해 매우 중요하다. 지휘관은 다른 선택의 문을 열어두고 신속하게 전투력을 집중하는 것과 적에 대한 압박을 유지하는 것 사이에서 균형을 잡아야 한다. 조우전에서는 주도권을 확보하고 유지하는 부대가 승리한다. 지휘관은 신속하게 상황을 가시화하고, 무엇을 할 것인지를 결정하며, 적의 전투력을 격멸하기 위해 부대를 지휘하는 것과 같은 전투지휘를 통하여 주도권을 장악하고 유지한다. 성공적인 조우전은 아군이 적 부대를 우회하거나 공격하는 동안 기동과 압도적인 직·간접 화력을 집중하여 적 부대를 고착하거나 감소시킨다.

2 공격

An attack is an offensive operation that destroys or defeats enemy forces, seizes and secures terrain, or both. Attacks incorporate coordinated movement supported by direct and indirect fires. They may be either decisive or shaping operations. Attacks may be hasty or deliberate, depending on the time available for assessing the situation, planning, and preparing. Commanders execute hasty attacks when the situation calls for immediate action with available forces and minimal preparation. They conduct deliberate attacks when there is time to develop plans and coordinate preparations. The same fundamentals of the offense apply to each type of attack. Success depends on skillfully massing the effects of combat power.

attack 공격, offensive operation 공격작전, destroy or defeat enemy force 적 부대를 격멸 혹은 격퇴하다, seize and secure terrain 지형을 탈취하고 확보하다, direct and indirect fire 직접 및 간접화력, decisive or shaping operations 결정적작전 혹은 여건조성작전, assessing the situation 상황평가, planning 계획수립, preparing 준비, commander 지휘관, hasty attack 급속공격, available force and minimal preparation 가용부대 및 최소한의 준비, deliberate attack 정밀 공격, fundamental of the offense 공격의 원칙, combat power 전투력

공격은 적 부대를 격멸 또는 격퇴하거나 지형을 탈취하고 확보하거나 양자 모두를 수행하는 공격작전이다. 공격은 직·간접 화력에 의해 지원되는 협조된 이동을 통합한다. 공격은 결정적작전이 될 수도 있고 여건조성작전이 될 수도 있다. 공격은 상황을 평가하고, 계획하고, 준비하는데 필요한 가용시간에 따라 급속공격이 될 수도 있고 정밀공격이 될 수도 있다. 지휘관은 가용부대와 최소한의 준비로 즉각적인 행동이 요구되는 상황일 때 급속공격을 실시한다. 계획을 발전시키고 전투준비를 협조할 시간이 있을 때는 정밀공격을 실시한다. 각 공격의 형태에는 동일한 공격의 원칙이 적용된다. 승리는 전투력 효과를 얼마나 능숙하게 집중시키느냐에 달려있다.

3-26 급속공격(hasty attack)
    적에 관한 정보와 시간의 부족으로 충분한 준비를 갖추지 못하고 실시하는 공격. 이는 즉각 가용한 자원으로 부대의 공격기세(momentum)를 유지하고 적이 방어편성(defense organization)을 하기 전에 적의 후방(rear)을 신속히 강타(strike)하기 위하여 실시함.

3-27 정밀공격(deliberate attack)
    잘 준비된 진지를 점령하고 있는 강력한 적 부대에 대하여 실시하는 공격작전

급속공격

Commanders direct hasty attacks to seize opportunities to destroy the enemy or seize the initiative. These opportunities are fleeting. They usually occur during movements to contact and defensive operations. In a hasty attack, commanders intentionally trade the advantages of thorough preparation and full synchronization for those of immediate execution. In a movement to contact, commanders launch hasty attacks to destroy enemy forces before they concentrate or establish a defense. In the defense, commanders direct hasty attacks to destroy an exposed or overextended attacker. On-order and be-prepared missions allow units to respond quickly in uncertain situations.

commander 지휘관, hasty attacks 급속공격, destroy the enemy 적을 격멸하다, seize the initiative 주도권을 장악하다, movement to contact 접적전진, defensive operations 방어작전, thorough preparation 철저한 준비, full synchronization 완전한 동시통합, launch 수행하다, exposed or overextended attacker 노출되고 신장된 공자, on-order and be-prepared mission 명령으로 준비된 임무

지휘관은 적을 격멸하고 주도권을 장악하기 위한 기회를 포착하기 위해 급속공격을 지시한다. 그러한 기회는 순식간에 지나간다. 그런 기회는 대개 접적전진과 방어작전 중에 발생한다. 급속공격에서 지휘관은 계획적으로 철저한 준비와 완전한 동시통합으로 얻을 수 있는 이점 대신에 즉각적인 실행으로써 얻어지는 이점을 취한다. 접적전진에서 지휘관은 적이 방어력을 집중하거나 방어진지를 편성하기 전에 적 부대를 격멸하기 위해 급속공격을 실시한다. 방어 시 지휘관은 노출되거나 지나치게 확자된 공자를 격멸하기 위해 급속공격을 지시한다. 명령으로 미리 준비된 임무(의명 임무)는 불확실한 상황에서 부대가 신속하게 반응할 수 있도록 한다.

Once they decide to attack, commanders execute as quickly as possible. While hasty attacks maximize the effects of agility and surprise, they incur the risk of losing some synchronization. To minimize this risk, commanders make maximum use of standing operating procedures (SOPs) that include standard formations and well-understood and rehearsed battle drills. Supporting arms and services organize and position themselves to react quickly, using prearranged procedures. Habitual relationships among supported and supporting units at all echelons facilitate these actions.

hasty attacks 급속공격, **agility** 민첩성, **surprise** 기습, **synchronization** 동시통합, **standing operating procedure(SOP)** 부대예규, **battle drill** 전투훈련, **supporting arms** 전투지원부대, **service support arms** 전투근무지원 부대, **habitual** 지속적인, **supported and supporting unit** 피지원부대와 지원부대, **echelon** 제대

일단 공격을 결정하면 지휘관은 가능한 한 신속하게 실시한다. 급속공격은 민첩성과 기습의 효과를 극대화할 수 있는 반면 약간은 동시통합을 상실하게 될 위험을 초래한다. 이런 위험을 최소화하기 위해 지휘관은 기준이 될 행동과 이해하기 쉽고 전투훈련에 대한 예행연습을 포함하고 있는 부대예규를 최대한 활용해야 한다. 전투지원 및 전투근무부대는 미리 준비된 절차를 이용해 신속히 반응할 수 있도록 편성하고 배치된다. 모든 제대의 피지원 및 지원부대간의 습관적인 관계는 이런 행동을 용이하게 한다.

> **3-28 예규(standing operating procedure, SOP)**
> 작전을 효과적으로 수행하기 위하여 부대가 준수하고 적용해야 할 방법을 명확하고 표준화된 절차로 제시하는 하나의 규정이나 지시. 이는 특정경우에 있어서 별도로 규제하지 않는 한 적용되는 것임.

정밀공격

In contrast to hasty attacks, deliberate attacks are highly synchronized operations characterized by detailed planning and preparation. Deliberate attacks use simultaneous operations throughout the AO, planned fires, shaping operations, and forward positioning of resources needed to sustain momentum. Commanders take the time necessary to position forces and develop sufficient intelligence to strike the enemy with bold maneuver and accurate, annihilating fires. Because of the time required to plan and prepare deliberate attacks, commanders often begin them from a defensive posture. However, an uncommitted force may conduct a deliberate attack as a sequel to an ongoing offensive operation.

hasty attacks 급속공격, **deliberate attack** 정밀공격, **simultaneous operations** 동시작전, **AO(area of operations)** 작전지역, **planned fire** 계획화력, **shaping operations** 여건조성작전, **momentum** 공격기세, **position force** 부대를 배치하다, **intelligence** 정보, **strike the enemy** 적을 타격하다, **maneuver** 기동, **fire** 화력, **defensive posture** 방어태세, **uncommitted force** 투입되지 않은 부대, **sequel** 후속작전, **offensive operation** 공격작전

급속공격과는 대조적으로 정밀공격은 세부적인 계획과 준비가 특징인 매우 동시통합화 된 작전이다. 정밀공격은 작전지역 전반에 걸친 동시작전, 계획화력, 여건조성작전, 공격기세 유지에 필요한 자원의 전방배치를 이용한다. 지휘관은 부대를 배치하고 과감한 기동과 정확하고 파괴력 있는 화력으로 적을 타격하기 위한 충분한 정보를 획득하기 위해 필요한 시간을 가져야 한다. 정밀공격을 계획하고 준비하는데 소요되는 시간 때문에 지휘관은 종종 방어태세로부터 정밀공격을 실시한다. 그러나 작전에 투입되지 않은 부대가 진행 중인 공격작전의 후속작전으로서 정밀공격을 수행할 수도 있다.

> **3-29 후속작전(sequel)**
> 현행작전(current operations)에 이어 실행되는 작전으로 승리, 패배 혹은 교착상태 등과 같이 현행작전의 결과를 기대하는 장차작전(future operations)을 말한다. 예를 들어 역공격(counteroffensive)은 방어작전의 후속작전이다. 공격(attack)의 후속작전은 전과확대(exploitation)과 추격(pursuit)

Time spent preparing a deliberate attack may allow the enemy to improve defenses, retire, or launch a spoiling attack. Therefore, commanders direct deliberate attacks only when the enemy cannot be bypassed or overcome with a hasty attack. Commanders maintain pressure on the enemy while they plan and prepare. They aggressively disrupt enemy defensive preparations through aggressive patrolling, feints, limited-objective attacks, harassing indirect fires, air strikes, and offensive IO.

deliberate attack 정밀공격, defense 방어, retire 철퇴, spoiling attack 파쇄공격, commander 지휘관, bypass 우회하다, hasty attack 급속공격, disrupt 와해하다, defensive preparation 방어준비, aggressive patrolling 공격적 정찰, feint 양공, limited-objective attack 제한된 목표에 대한 공격, harassing indirect fire 요란사격, air strike 공중타격, offensive IO 공세적 정보작전

정밀공격의 준비에 소요된 시간은 적에게 방어태세 향상이나, 철퇴 또는 파쇄공격을 허용할 수 있다. 그러므로 지휘관은 적을 우회할 수 없거나 급속공격으로 적을 물리칠 수 없을 경우에만 정밀공격을 지시한다. 지휘관은 계획수립 및 준비 중에도 적에 대한 압박을 계속한다. 또한 공세적 정찰활동과, 양공, 제한된 목표에 대한 공격, 요란사격, 공중타격, 공세적 정보작전 등을 통해 공세적으로 적의 방어준비를 와해해야 한다.

3-30 후퇴작전(retrograde operations)

차후작전을 위하여 부대가 후방으로 이동하거나 적으로부터 조직적으로 이탈하는 작전이며 후퇴작전에는 지연전(delaying action), 철수(withdrawal), 철퇴(retirement) 등이 있다.

3-31 지연전(delaying action)

적과 결정적인 교전 없이 적에게 최대한의 피해를 강요하면서 시간을 획득하기 위하여 사전에 계획된 일정한 공간을 양보하는 작전의 형태로서 지연방법에는 축차진지상의 지연전(delay from successive positions)과 교대진지상의 지연전(delay from alternate positions)이 있다.

3-32 철수(withdrawal)

전개된 부대의 일부 혹은 전부를 타지역에 배치하고자 할 때 적으로부터 이탈하는 작전으로서 강요에 의한 철수(Withdrawal under enemy pressure)와 자발적인 철수(withdrawal without enemy pressure)로 구분된다. 강요에 의한 철수는 적의 압력을 받아 실시하는 철수작전으로서 소부대에 의한 지연전(delaying action)을 수행하면서 후방으로 이동하게 되며, 자발적인 철수는 적의 압력을 받지 않은 상태에서 자의적으로 실시하는 철수작전으로서 유리한 지형에 부대를 재배치하거나 전선조정 등 장차작전을 위해 실시한다.

3-33 철퇴(retirement)

적과 접촉하고 있지 않은 부대가 후방으로 이동하는 작전으로서 철수에 후속하여 실시되거나 별도로 실시될 수도 있다. 철퇴의 목적은 아군과 적과의 거리를 증가시키거나 병참선(line of communications)을 단축시키고 유리한 지형을 점령하여 인접부대(adjacent unit)와의 전선조정 및 타 지역에서 부대를 전용하도록 하기 위하여 실시한다.

Deliberate attacks require extensive planning and coordination, to include positioning reserves and follow-on forces while preparing troops and equipment. Commanders and staffs refine plans based on rehearsals and intelligence from reconnaissance and surveillance. Commanders conduct IO to deceive the enemy and prevent him from exercising effective C2. Effective IO mask attack preparations and conceal friendly intentions and capabilities. Commanders direct reconnaissance and surveillance missions to collect information about the enemy and AO. The intelligence system analyzes this information to find weaknesses in enemy capabilities, dispositions, or plans.

Friendly forces exploit enemy weaknesses before and during the attack. Effective information management (IM) routes data collected by reconnaissance and surveillance assets to the right place for analysis. IM also facilitates rapid dissemination of intelligence products to forces that need them.

planning 계획, coordination 협조, reserve 예비대, follow-on force 후속부대 ,troop 부대, equipment 장비, commander and staff 지휘관 및 참모, rehearsal 예행연습, intelligence 정보, reconnaissance 정찰, surveillance 감시, IO 정보작전, C2(command and control) 지휘통제, attack preparation 공격준비, friendly intention and capability 아군의 의도와 능력, information 첩보, AO(area of operations) 작전지역, disposition 배치, friendly force 아군부대, enemy weakness 적 약점, attack 공격, information management(IM) 정보관리, rapid dissemination 신속한 전파

정밀공격은 부대 및 장비를 준비하는 동안 예비대와 후속부대의 배치를 포함한 광범위한 계획과 협조를 필요로 한다. 지휘관 및 참모는 예행연습과 정찰 및 감시활동으로 획득한 정보를 기초로 계획을 발전시킨다. 지휘관은 적을 기만하고 적이 효과적인 지휘통제력을 발휘하지 못하도록 정보작전을 수행한다. 효과적인 정보작전으로 공격준비를 가리고, 아군의 의도와 능력을 노출하지 않을 수 있다. 지휘관은 적과 작전지역에 대한 첩보를 수집하기 위해 정찰 및 감시 임무를 지시한다. 정보체계로 적 능력에 있어서 약점과 배치 또는 계획을 알아내기 위해 첩보를 수집한다. 아군은 공격실시 전과 공격 중에 적의 약점을 이용해야 한다. 정찰 및 감시자산에 의해 수집된 데이터는 효과적인 정보관리를 통해 분석에 적합한 장소로 전송된다. 정보관리는 또한 필요로 하는 부대로 정보산물의 신속한 전파를 용이하게 한다.

특수목적공격

Certain forms of attack employ distinctive methods and require special planning. Commanders direct these special purpose attacks to achieve objectives different from those of other attacks. Spoiling attacks and counterattacks are usually phases of a larger operation. Raids and ambushes are generally single-phased operations conducted by small units. Feints and demonstrations are military deception operations.

form of attack 공격 형태, commander 지휘관, objective 목표, attack 공격, spoiling attack 파쇄공격, counterattack 역습, larger operation 대규모 작전, raid 기습, ambush 매복, single-phased operations 단일단계 작전, small unit 소부대, feint 양공, demonstration 양동, military deception operations 군사기만작전

어떤 공격 형태는 매우 독특한 방법을 사용하며 특별한 계획수립을 필요로 한다. 지휘관은 타 공격목표와는 다른 목표를 달성하기 위해 이런 특수목적공격을 지시한다. 파쇄공격과 역습은 대개 더 큰 규모로 단계화하는 작전이다. 습격과 매복은 일반적으로 소부대에 의해서 수행되는 단일단계 작전이다. 양공과 양동은 군사기만작전이다.

Spoiling Attack.

A spoiling attack is a form of attack that preempts or seriously impairs an enemy attack while the enemy is in the process of planning or preparing to attack. Normally conducted from a defensive posture, spoiling attacks strike where and when the enemy is most vulnerable-during preparations for attack in assembly areas and attack positions or while he is moving toward his line of departure. Therefore, proper timing and coordinating with higher headquarters are critical requirements for them. Spoiling attacks are highly dependent on accurate information on enemy dispositions. Commanders are alert for opportunities to exploit advantages created by a spoiling attack.

spoiling attack 파쇄공격, form of attack 공격형태, planning or preparing to attack 공격계획 혹은 준비, defensive posture 방어상태(태세), strike 타격하다, vulnerable 취약한, preparation for attack 공격준비, assembly area 집결지, attack position 공격대기지점, line of departure(LD) 공격개시선, proper timing 적시성, coordinating 협조, higher headquarters 상급사령부, information 첩보, enemy disposition 적 배치, exploit advantage 이점을 확대하다

파쇄공격. 파쇄공격은 적이 공격을 계획하거나 준비하는 동안 선제공격을 하거나 적의 공격에 심대한 피해를 입히는 공격 형태이다. 방어 상태에서 수행되는 파쇄공격은 집결지 및 공격진지에서 적이 공격준비를 하는 중 또는 적이 공격개시선으로 이동하는 중에 적이 가장 취약한 시간 및 장소를 타격하는 것이다. 그러므로 적시성과 상급사령부와의 긴밀한 협조는 파쇄공격을 위해 긴요한 요건이다. 파쇄공격의 성공은 적 배치에 대한 정확한 첩보에 크게 좌우된다. 지휘관은 파쇄공격에 의해 창출된 이점을 확대하는데 주의를 기울여야 한다.

Counterattack.　A counterattack is a form of attack by part or all of a defending force against an enemy attacking force with the general objective of denying the enemy his goal in attacking. Commanders normally conduct counterattacks from a defensive posture; they direct them to defeat or destroy enemy forces or to regain control of terrain and facilities after enemy successes. Commanders direct counterattacks with reserves, lightly committed forward elements, or specifically assigned forces. They counterattack after the enemy launches an attack, reveals his main effort, or offers an assailable flank.

counterattack 역습, form of attack 공격형태, defending force 방어부대, enemy attacking force 적 공격부대, objective 목표, goal 목적, commander 지휘관, defensive posture 방어상태(태세), defeat 격파하다, destroy enemy force 적을 격멸하다, terrain and facility 지형 및 시설, reserve 예비, lightly committed forward element 소규모로 투입된 전방부대, attack 공격, main effort 주공, assailable flank 공격 가능한 측방

역습.　역습은 적이 공격목적을 달성하지 못하게 하는 것을 목표로 적 공격부대를 상대로 한 방어부대 일부 혹은 전부에 의한 공격 형태이다. 지휘관은 통상 방어태세로부터 역습을 수행한다. 즉 적이 공격에 성공한 후 적 부대를 격퇴하거나 격멸하기 위하여 혹은 지형 및 시설 통제를 회복하기 위하여 역습을 실시한다. 지휘관은 예비대와 소규모로 투입된 전방부대 또는 특별하게 임무를 부여 받은 부대로 역습을 수행한다. 이러한 부대들은 적이 공격을 개시한 후, 적이 주공을 노출한 후 혹은 적이 공격 가능한 측방을 내어준 후에 역습을 시행한다.

3-34 주공(main effort)
　　결정적인 목표에 대부분의 공격역량을 집중 지향하는 전술집단. 부대 임무수행에 최대로 기여하는 목표(통상 결정적인 목표)의 확보에 지향되는 공격

3-35 조공(supporting attack)
　　주공의 임무수행에 기여할 수 있도록 운용되는 공격제대로서 상황 및 여건에 따라 주공으로 전환될 수 있다.

Commanders conduct counterattacks much like other operations, synchronizing them within the overall effort. When possible, units rehearse and prepare the ground. Counterattacking forces may conduct local exploitations to take advantage of tactical opportunities, but then usually resume a defensive posture. Large-unit headquarters preplan counterattacks as major exploitations and pursuits. In those cases, a counterattack may be the first step in seizing the initiative and transitioning to offensive operations. A counterattack is the decisive operation in a mobile defense.

commander 지휘관, counterattack 역습, operations 작전, synchronize 동시통합하다, counterattacking force 역습부대, local exploitation 국지적 전과확대, take advantage of tactical opportunity 전술적 기회를 이용하다, defensive posture 방어상태, large-unit headquarters 대부대 사령부, exploitation 전과확대, pursuit 추격, seize the initiative 주도권을 장악하다, offensive operations 공격작전, decisive operation 결정적작전, mobile defense 기동방어

지휘관은 최대한 작전을 동시통합하여 타 작전과 다름없이 역습을 실시한다. 부대는 가능할 때 예행연습과 이를 위한 지형을 준비한다. 역습부대는 전술적 기회를 이용하기 위해 국지적 전과확대를 시행할 수도 있으나 그후 대개 방어상태로 다시 돌아간다. 대부대 사령부는 대규모 전과확대와 추격의 일환으로 역습을 사전에 계획한다. 그런 경우 역습은 주도권을 장악하고 공격작전으로 전환되는 첫 단계가 될 수 있다. 기동방어에서 역습은 결정적작전이다.

3-36 기동방어(mobile defense)
　　최소한의 전투력을 전방방어부대(forward defense unit)에 배치하고 방어부대의 주력 (main effort)을 예비대(reserve)로 보유하는 방어의 한 형태로 전방방어지역에 배치된 부대는 적의 공격을 경고하고 적을 아군의 역습(counterattack)에 유리한 지역으로 유인하기 위하여 저지(block), 지연(delay), 차장(screen) 혹은 제한된 공세행동(limited offensive action)을 취하며 기동 예비대(mobile reserve)는 역습으로 적을 격멸하기 위하여 적절한 지역에 위치하여 결정적인 시기와 장소에 역습으로 적을 격멸한다.

3-37 지역방어(area defense)
　　명시된 기간 동안 특정진지 혹은 지역을 확보 또는 통제하는 방어형태로서 전투지역전단(forward edge of the battle area, FEBA 【휘바】)을 연한 유리한 지형에 편성된 주방어지역(main defense area)에서 결정적인 전투를 실시하기 위하여 전방지역에 전투력(combat power)을 우선적으로 할당하고 적절한 예비대(reserve)를 보유하여 실시하는 방어작전(defense operations)

Raid. A raid is a form of attack, usually small scale, involving a swift entry into hostile territory to secure `information, confuse the enemy, or destroy installations. It usually ends with a planned withdrawal from the objective area upon mission completion. Raids have narrowly defined purposes. They require both detailed intelligence and deliberate planning. Raids may destroy key enemy installations and facilities, capture or free prisoners, or disrupt enemy C2 or other important systems.

raid 습격, form of attack 공격형태, hostile territory 적대지역, information 첩보, confuse the enemy 적을 혼란에 빠뜨리다, destroy installation 기지를 파괴하다, planned withdrawal 계획된 철수, objective area 목표지역, mission completion 임무완수, intelligence 정보, deliberate planning 정밀계획, key enemy installation 주요 적 기지, facility 시설, prisoner 포로, disrupt enemy C2(command and control) 적 지휘통제를 와해하다

습격. 습격은 첩보를 획득하고 적을 혼란에 빠뜨리거나 기지를 파괴하기 위하여 적대적 지역으로 신속하게 진입하는 소규모 공격 형태이다. 습격은 대개 임무완수 즉시 목표지역으로부터 계획된 철수로 종결된다. 습격은 매우 한정된 목적을 가진다. 습격은 상세한 정보와 정밀한 계획을 필요로 한다. 습격은 주요 적 기지와 시설을 파괴할 수도 있고, 포로를 포획하거나 구출할 수도 있고, 아니면 적 지휘통제체계나 타 중요체계를 와해할 수도 있다.

Ambush. An ambush is a form of attack by fire or other destructive means from concealed positions on a moving or temporarily halted enemy. An ambush destroys enemy forces by maximizing the element of surprise. Ambushes can employ direct fire systems or other destructive means, such as command-detonated mines, nonlethal fires, and indirect fires. Ambushes can disrupt enemy cohesion, sense of security, and confidence. They are particularly effective against enemy sustaining operations.

ambush 매복, form of attack 공격형태, fire 화력, concealed position 은폐된 진지, moving or temporarily halted enemy 이동 중이거나 일시적으로 정지한 적, enemy force 적 부대, surprise 기습, direct fire system 직접방어체계, mine 지뢰, indirect fire 간접화력, cohesion 응집력, sense of security 경계심, confidence 자신감, sustaining operations 전투력지속작전

매복. 매복은 이동 중이거나 일시적으로 정지한 적에 대해 은폐된 진지에서 화력 또는 다른 파괴수단으로 공격하는 형태이다. 매복은 기습의 효과를 극대화함으로써 적 부대를 격멸한다. 매복은 직접화력체계 또는 제어폭파지뢰나, 비치사성 화력, 간접화력과 같은 다른 파괴수단을 이용한다. 매복으로 적의 응집력과, 경계심, 자신감을 와해할 수 있다. 매복은 특히 적의 전투력지속작전에 대해 효과적이다.

Feint. A feint is a form of attack used to deceive the enemy as to the location or time of the actual decisive operation. Forces conducting a feint seek direct fire contact with the enemy but avoid decisive engagement. Feints divert attention from the decisive operation and prevent the enemy from focusing combat power against it. They are usually shallow, limited-objective attacks conducted before or during the decisive operation. During Operation Desert Storm, units of the 1st Cavalry Division conducted feints in the Ruqi pocket before 24 February 1991. The purpose of these feints was to fix Iraqi frontline units and convince Iraqi commanders that the coalition decisive operation would occur along the Wadi al-Batin.

feint 양공, **form of attack** 공격형태, **deceive the enemy** 적을 기만하다, **decisive operation** 결정적작전 **decisive engagement** 결정적 교전, **divert attention** 주의를 전환하다, **combat power** 전투력, **limited-objective attack** 제한된 목표에 대한 공격, **Operation Desert Storm** 사막의 폭풍작전(미국의 이라크 공격작전 명칭), **the 1st Cavalry Division** 제1기갑 수색사단, **pocket** 적의 점령 하에 있는 고립지대, **fix** 고착하다, **frontline unit** 전방부대, **commander** 지휘관, **coalition** 연합

양공. 양공은 실제 결정적작전의 위치나 시간에 대해 적을 기만하기 위해 이용되는 공격 형태이다. 양공을 실시하는 부대는 직접화력으로 적과 접촉을 유지하고자 하나 결정적교전은 회피한다. 양공은 결정적작전으로부터 주의를 전환하고 적이 결정적작전에 전투력을 집중하지 못하게 한다. 양공은 대개 결정적작전 이전 또는 수행 중에 실시되는 얕고 제한된 목표에 대한 공격이다. 사막의 폭풍 작전 중 제1기갑수색사단은 1991년 2월 24일 이전 적의 점령 하에 있는 루키 고립지대에서 양공을 실시했다. 이 양공작전의 목적은 이라크 전방부대를 고착시키고 이라크 지휘관들로 하여금 연합국의 결정적작전이 와디 알 바틴 지역을 따라 실시될 것이라 확신하게 하는 것이었다.

Demonstration. A demonstration is a form of attack designed to deceive the enemy as to the location or time of the decisive operation by a display of force. Forces conducting a demonstration do not seek contact with the enemy. Demonstrations are also shaping operations. They seek to mislead the enemy concerning the attacker's true intentions. They facilitate decisive operations by fixing the enemy or diverting his attention from the decisive operation. Commanders allow the enemy to detect a demonstration. However, doing this without revealing the demonstration's true purpose requires skill. If a demonstration reveals an enemy weakness, commanders may follow it with another form of attack.

demonstration 양동, form of attack 공격형태, deceive the enemy 적을 기만하다, decisive operation 결정적작전, display of force 무력시위, shaping operations 여건조성작전, attacker's true intention 공자의 실제의도, by fixing the enemy 적을 고착함으로써, divert his attention 적의 주위를 전환하다, commander 지휘관, demonstration's true purpose 양동의 실제목적, enemy weakness 적 약점

양동. 양동은 무력시위로 결정적작전의 장소나 시간에 대해 적을 기만하기 위해 계획된 공격 형태이다. 양동을 실시하는 부대는 적과 접촉을 하고자 하는 것은 아니다. 양동 역시 일종의 여건조성작전이다. 양동은 공자의 진짜 의도에 관하여 적을 잘못된 길로 유도하고자 하는 것이다. 양동은 적을 고착하거나 적의 관심을 결정적작전으로부터 전환시킴으로써 결정적작전을 용이하게 한다. 지휘관은 적이 양동작전을 알아차리도록 허용한다. 그러나 양동의 실제 목적을 드러내지 않은 채 적이 양동을 알아차리게 하기 위해서 기교가 필요하다. 만약 양동작전으로 적의 약점을 노출시키게 되면 지휘관은 양동작전에 이어 다른 형태로 공격할 수도 있다.

3-38 무력시위(display of force or show of force)
정치적, 군사적 특정 목적을 달성하기 위하여 병력이나 장비를 출동시켜 실력에 대한 과시나 위협을 함으로써 상대방에게 심리적인 위압감을 일으키게 하는 시위.

3 전과확대

An exploitation is a type of offensive operation that usually follows a successful attack and is designed to disorganize the enemy in depth. Exploitations seek to disintegrate enemy forces to the point where they have no alternative but surrender or flight. Commanders of exploiting forces receive the greatest possible latitude to accomplish their missions. They act with great aggressiveness, initiative, and boldness. Exploitations may be local or major. Local exploitations take advantage of tactical opportunities, foreseen or unforeseen. Division and higher headquarters normally plan major exploitations as branches or sequels.

exploitation 전과확대, **offensive operation** 공격작전, **attack** 공격, **disorganize the enemy in depth** 종심 깊게 적을 와해하다, **enemy force** 적 부대, **alternative** 대안, **surrender** 항복, **flight** 도주, **mission** 임무, **aggressiveness** 공격성, **initiative** 주도권, **boldness** 대담성, **local** 국지적인, **major** 대규모의, **tactical opportunity** 전술적 기회, **division** 사단, **higher headquarters** 상급사령부, **branch** 우발계획, **sequel** 후속작전

전과확대는 대개 성공적인 공격에 이어 종심 깊게 적을 와해하기 위하여 수행되는 공격작전의 형태이다. 전과확대는 적이 항복 또는 도주 외에는 다른 대안이 없는 지점까지 적 부대의 와해를 추구한다. 전과확대 부대의 지휘관은 임무를 달성하기 위해 가능한 최대한의 재량권을 부여받는다. 전과확대부대 지휘관은 공격성, 주도권 및 대담성을 가지고 행동해야 한다. 전과확대는 국지적일 수도 대규모일 수도 있다. 국지적 전과확대는 예상했거나 예상하지 못한 전술적 기회를 이용한다. 사단 및 상급 사령부는 통상 우발작전 또는 후속작전의 일환으로 대규모 전과확대를 계획한다.

3-39 우발계획(branch)

적의 공격으로 발생하는 예상되는 사건에 기초하여 현행작전(current operations)의 성공을 보장하기 위하여 임무(mission), 배치(disposition) 혹은 부대의 이동방향 (direction of movement of the force) 등을 전환하기 위해 수립된 방책(course of action).

3-40 후속작전(sequel)

현행작전(current operations)에 이어 실행되는 작전으로 승리, 패배 혹은 교착상태 등과 같이 현행작전의 결과를 기대하는 장차작전(future operations)을 말한다. 예를 들어 역공격(counteroffensive)은 방어작전의 후속작전이다. 공격(attack)의 후속작전은 전과확대(exploitation)와 추격(pursuit)이다.

Attacks that completely destroy a defender are rare. More often, the enemy attempts to disengage, withdraw, and reconstitute an effective defense as rapidly as possible. In large-scale operations, the enemy may attempt to mass combat power against an attack by moving forces from less active areas or committing reserves. During exploitations, commanders execute simultaneous attacks throughout the AO to thwart these enemy actions.

attacks 공격, **destroy** 격멸하다, **defender** 방자, **disengage** 전투이탈하다, **withdraw** 철수, **reconstitute** 전투력을 복원하다, **large-scale operations** 대규모 작전, **enemy** 적, **mass combat power** 전투력을 집중하다, **less active area** 교전이 치열하지 않은 지역, **commit reserve** 예비대를 투입하다, **exploitation** 전과확대, **simultaneous attack** 동시공격, **AO(area of operations)** 작전지역, **enemy action** 적 행동

방자를 완전히 격멸하는 공격은 드물다. 적은 빈번하게 전투이탈과 철수와 가능한 신속하게 효과적인 방어태세로 전투력 복원을 시도한다. 대규모 작전에서 적은 교전이 치열하지 않은 지역에서 부대를 이동시키거나 예비대를 투입함으로써 아군의 공격에 맞서 전투력 집중을 시도할 수도 있다. 전과확대 중 지휘관은 이러한 적의 행동을 저지하기 위해 작전지역 전반에 걸쳐 동시공격을 실시한다.

During attacks, commanders remain alert to opportunities for exploitation. Indicators include -

- Large numbers of prisoners and the surrender of entire enemy units.
- Enemy units disintegrating after initial contact.
- A lack of an organized defense.
- The capture or absence of enemy leaders.

attack 공격, commander 지휘관, exploitation 전과확대, indicator 징후, prisoner 포로, POW(prisoner of war 전쟁포로), EPW(enemy prisoner of war, 적 전쟁포로), surrender 항복, initial contact 최초접촉, organized defense 조직적 방어, capture 포획, enemy leader 적 지휘관(자)

공격 중 지휘관은 전과확대 기회 포착에 주의를 기울여야 한다. 징후는 다음과 같다.
- 대규모의 포로 발생과 적 부대 전체의 항복
- 최초 접촉 후 적 부대의 붕괴
- 조직적 방어 결여
- 적 지휘관의 포획 또는 부재

Commanders plan to exploit every attack unless restricted by higher headquarters or exceptional circumstances. Exploitation pressures the enemy, compounds his disorganization, and erodes his will to resist. Upon shattering enemy coherence, attacking forces strike targets that defeat enemy attempts to regroup. Attackers swiftly attack command posts, sever escape routes, and strike enemy reserves, field artillery, and critical combat support and CSS assets.

commander 지휘관, higher headquarters 상급사령부, exploitation 전과확대, compound 더욱 복잡하게 만들다, disorganization 와해, will to resist 저항의지, coherence 응집력, attacking force strikes target 공격부대가 목표를 타격하다, command post(CP) 지휘소, escape route 퇴로, enemy reserve 적 예비대, field artillery 야전포병, combat support and CSS(combat service support) assets 전투지원 및 전투근무지원 자산

상급 사령부나 예외적인 상황으로 제약을 받지 않는 한 지휘관은 매 공격을 확대하고자 계획해야 한다. 전과확대로 적을 압박하고, 적을 해체하고, 적의 저항의지를 침식시킬 수 있다. 적의 응집력을 분쇄했을 때 공격부대는 적의 재편성 시도를 제거하기 위한 목표를 정해 타격한다. 공자는 신속하게 지휘소를 공격하고, 적의 퇴로를 차단하며, 적의 예비대, 야전포병, 중요 전투지원 및 전투근무지원 자산을 타격한다.

Opportunities for local exploitations may emerge when the main effort is elsewhere in the AO. Commanders vary tempos among subordinate commands to take advantage of these opportunities while continuing to press the main effort. Simultaneous local exploitations at lower echelons can lead to a major exploitation that becomes the decisive operation.

local exploitation 국지적 전과확대, **main effort** 주노력, **AO(area of operations)** 작전지역, **tempo** 작전속도, **subordinate command** 예하부대 **lower echelon** 하급제대, **major exploitation** 대규모 전과확대, **decisive operation** 결정적작전

국지적 전과확대의 기회는 주노력이 작전지역이 아닌 다른 곳에 있을 때 발생할 수 있다. 지휘관은 주노력을 계속 압박하는 동안 이런 기회를 이용하기 위해 예하부대 간에 작전속도를 조절한다. 하급제대의 동시적 국지 전과확대는 결정적작전이 될 수 있는 대규모 전과확대로 이어질 수 있다.

Exploiting success is especially important after a deliberate attack in which the commander accepted risk elsewhere to concentrate combat power for the decisive operation. Failure to exploit aggressively the success of the decisive operation may allow the enemy to detect and exploit a friendly weakness and regain the initiative.

deliberate attack 정밀공격, **commander** 지휘관, **combat power** 전투력, **decisive operation** 결정적작전, **friendly weakness** 아군의 약점, **initiative** 주도권

지휘관이 결정적작전에서 전투력을 집중하기 위해 다른 곳에서 위험을 감수했던 정밀공격 후 전과를 확대하는 것은 특히 중요하다. 결정적작전의 성공을 공세적으로 확대하지 못하면 적은 아군의 약점을 찾아내 이용하고 주도권을 되찾게 된다.

When possible, lead forces transition directly into an exploitation. If that is not feasible, commanders pass fresh forces into the lead. Exploitations require the physical and mental aggressiveness to combat the friction of night, bad weather, possible fratricide, and extended operations.

lead force 선두부대, **transition** 전환하다, **exploitation** 전과확대, **fresh force** 새로운 부대, **fratricide** 우군 간 피해, **extended operations** 신장된 작전

가능하다면 선두부대는 곧 바로 전과확대로 전환한다. 만약 그것이 불가하다면 지휘관은 새로운 부대를 선두에 투입해야 한다. 전과확대는 야간, 악천후, 우군 간 피해, 확장된 작전에서 오는 마찰을 극복하기 위해 정신적, 물리적 공격성을 필요로 한다.

Successful exploitations demoralize the enemy and disintegrate his formations. Commanders of exploiting units anticipate this situation and prepare to transition to a pursuit. They remain alert for opportunities that develop as enemy cohesion and resistance break down. Commanders posture CSS forces to support exploitation opportunities.

demoralize the enemy 적의 사기를 저하시키다, formation 대형, commander of exploiting unit 전과확대부대 지휘관, pursuit 추격, cohesion 응집력, resistance 저항, CSS(combat service support) force 전투근무지원

성공적인 전과확대는 적의 사기를 저하시키고 적의 대형을 와해한다. 전과확대부대의 지휘관은 이러한 상황을 예측하고 추격으로 전환할 준비를 갖추어야 한다. 전과확대부대 지휘관은 적의 응집력과 저항력이 와해됨에 따라 발생하는 기회에 주의를 기울여야 한다. 지휘관은 전과확대 기회를 지원하기 위해 전투근무지원부대의 지원태세를 유지시킨다.

4 추격

A pursuit is a type of offensive operation designed to catch or cut off a hostile force attempting to escape with the aim of destroying it. Pursuits are decisive operations that follow successful attacks or exploitations. They occur when the enemy fails to organize a defense and attempts to disengage. If it becomes apparent that enemy resistance has broken down entirely and the enemy is fleeing, a force can transition to a pursuit from any type of offensive operation. Pursuits encompass rapid movement and decentralized control. Unlike exploitations, commanders can rarely anticipate pursuits, so they normally do not hold forces in reserve for them.

pursuit 추격, offensive operation 공격작전, hostile force 적 부대, decisive operation 결정적작전, attack 공격, exploitation 전과확대, organize defense 방어 편성을 하다, disengage 전투이탈을 하다, enemy resistance 적 저항, flee 도주하다, rapid movement 신속한 이동, decentralized control 분권화된 통제, reserve 예비대

추격은 적 격멸을 목표로 도주하는 적 부대를 포획 또는 차단하기 위해 계획된 공격작전이다. 추격은 성공적인 공격이나 전과확대 후에 시행되는 결정적작전이다. 추격은 적이 방어 편성에 실패하거나 전투이탈을 시도할 때 일어난다. 적의 저항이 완전히 붕괴되어 적이 도주하는 것이 분명하다면 부대는 어떠한 형태의 공격작전에서든 추격으로 전환할 수 있다. 추격은 신속한 이동과 분권화 된 통제를 수반한다. 전과확대와 달리 지휘관은 추격을 크게 기대하지 않으므로 일반적으로 추격을 위해 예비대를 보유하지 않는다.

For most pursuits, commanders designate a direct pressure force and an encircling or enveloping force. The direct pressure force maintains pressure against the enemy to keep him from establishing a coherent defense. The encircling force conducts an envelopment or a turning movement to block the enemy's escape and trap him between the two forces. The trapped enemy force is then destroyed. The encircling force must have greater mobility than the pursued enemy force. Joint air assets and long-range precision fires are essential for slowing enemy movement.

pursuit 추격, direct pressure force 직접압박부대, encircling or enveloping force 전면포위 혹은 포위부대, coherent defense 응집력 있는 방어, turning movement 우회기동, block the enemy's escape 적 도주를 봉쇄하다, mobility 기동력, pursued enemy force 추격 받는 적 부대, joint air asset 합동공중자산, long-range precision fire 장거리 정밀화력

대부분의 추격에서 지휘관은 직접 압박부대와 전면포위 또는 포위부대를 지정한다. 직접압박부대는 응집력 있는 방어를 하지 못하도록 적에 대한 압박을 지속한다. 전면포위부대는 적의 도주를 봉쇄하고 두 부대 사이에 적을 가두기 위해 포위 또는 우회기동을 실시한다. 그러면 그 갇힌 적 부대는 완전히 격멸된다. 전면포위부대는 추격 받는 적 부대보다 훨씬 우위의 기동력을 가져야만 한다. 합동공중자산과 장거리 정밀화력은 적의 이동을 둔화시키기 위해 필수적이다.

Exploitations and pursuits test the audacity and endurance of soldiers and leaders. After an attack, soldiers are tired and units have suffered personnel and materiel losses. As an exploitation or pursuit unfolds, LOCs extend and commanders risk culmination. Commanders and units must exert extraordinary physical and mental effort to sustain momentum, transition to other operations, and translate tactical success into operational or strategic victory.

exploitation 전과확대, pursuit 추격, audacity 대담성, attack 공격, personnel and materiel losse 인적·물적 손실, LOC 병참선(line of communications), culmination 작전한계점, commander and unit 지휘관과 부대, physical and mental effort 물리적·정신적 노력, momentum 공격기세, transition to other operations 타 작전으로 전환, tactical success 전술적 승리, operational or strategic victory 작전적 혹은 전략적 승리

전과확대와 추격은 병사 및 지휘관(자)들에게 대담성과 인내력을 시험한다. 공격실시 후 병사들은 지치게 되고 부대는 인적·물적 손실을 입게 된다. 전과확대 또는 추격이 실시됨에 따라 병참선이 신장되고 지휘관들은 작전한계점의 위험에 직면한다. 지휘관과 부대는 공격기세 유지, 타 작전으로 전환, 전술적 승리를 작전적 또는 전략적 승리로 만들기 위해 비범한 물리적·정신적 노력을 기울여야만 한다.

3-41 작전한계점(culminating point)

공격 또는 방어작전부대가 전투력의 저하, 전투원이 피로, 긴요 물자의 결핍 등으로 인해 더 이상 작전을 지속하기 어려운 상태 및 그 시기를 말하며 공격한계점과 방어 한계점이 있다.

Chapter 4

방어작전
(Defensive Operations)

어리석은 자는 한 번에 모든 것을 방어하려고 하지만
현명한 자는 주요 핵심만을 보려고 한다. 즉 심대한 손
실을 피하려면 최악의 공격을 피하고 최소의 피해는 감
수해야 한다. 만약 모든 것을 지키려한다면 아무 것도
얻지 못하게 된다.

- 프레드릭 대왕

Army forces defend until they gain sufficient strength to attack. Defensive operations defeat an enemy attack, buy time, economize forces, or develop conditions favorable for offensive operations. Alone, defensive operations normally cannot achieve a decision. Their purpose is to create conditions for a counteroffensive that allows Army forces to regain the initiative. Although offensive operations are usually required to achieve decisive results, it is often necessary, even advisable at times, to defend. Commanders defend to buy time, hold terrain, facilitate other operations, preoccupy the enemy, or erode enemy resources.

Army force 지상군, defensive operations 방어작전, defeat an enemy attack 적 공격을 격퇴하다, economize force 병력을 절약하다, condition favorable for offensive operations 공격작전을 위한 유리한 여건, counteroffensive 공세이전(반격), initiative 주도권, defend 방어하다, commander 지휘관, terrain 지형, preoccupy 선점하다, enemy resource 적 자원

지상군은 충분한 공격능력을 갖출 때까지 방어를 실시한다. 방어작전으로 적 공격을 격퇴하고, 시간을 획득하며, 병력을 절약하고, 공격작전을 위한 유리한 여건을 조성할 수 있다. 일반적으로 방어작전만으로 결정적 성공을 달성할 수 없다. 방어작전의 목적은 지상군이 주도권을 다시 확보할 수 있는 공세이전을 위한 여건을 조성하는 것이다. 비록 결정적 성과를 달성하기 위해서 대개 공격작전이 요구되지만 종종 방어가 필요한 경우도 있으며, 심지어 방어가 권장될 때도 있다. 지휘관은 시간을 획득하고, 지형을 확보하며, 다른 작전을 용이하게 하며, 적을 선점하거나 적 자원을 고갈시키기 위하여 방어작전을 실시한다.

4-1 공세이전(counteroffensive)

적의 공격을 무력화시키고 전세를 유리하게 확보하기 위하여 방어로부터 적극적이고 대규모적인 공세행동(offensive action)으로 전환하는 것으로서 반격과 동의어이다. 공세이전의 목적은 적의 공세를 저하시키고 적 부대를 파괴하는데 있다. 이것은 역습(counterattack)과는 상이하며, 역습이 방어작전의 일환으로 제한된 목표에 대한 공격임에 반하여 공세이전은 대규모의 공세행동이다.

1 방어작전의 목적
Purpose of Defensive Operations

The purpose of defensive operations is to defeat enemy attacks. Defending forces the attack is not a passive activity. Army commanders seek out enemy forces to strike and weaken them before close combat begins.

defensive operations 방어작전, **defeat enemy attack** 적 공격을 격퇴하다, **defending force** 방어부대, **attacker's blow** 공자의 일격, **Army commander** 지상군 지휘관, **enemy force** 적 부대, **strike** 타격하다, **close combat** 근접전투

방어작전의 목적은 적의 공격을 격퇴하는 것이다. 방어부대는 공자의 일격을 기다렸다가 성공적으로 그것을 회피함으로써 적의 공격을 격퇴한다. 공격을 기다리는 것은 수세적인 행동이 아니다. 지상군 지휘관은 근접전투가 시작되기 전에 적 부대를 타격하고 약화시키기 위하여 적 부대를 찾아내야 한다.

Operationally, defensive operations buy time, economize forces, and develop conditions favorable for resuming offensive operations. Therefore, major operations and campaigns combine defensive operations with offensive operations. Operational-level defensive operations normally include offensive, stability, and support operations.

offensive operations 공격작전, **major operations** 주력작전, **campaign** 전역, **operational-level** 작전적 수준, **offensive, stability, and support operations** 공격·안정화·지원작전

작전적인 면에서 방어작전은 시간획득, 병력절약, 공격작전을 재개하기 위한 유리한 여건을 조성하는 것이다. 그러므로 주력작전과 전역에서 방어작전과 공격작전은 결합되어야 한다. 작전적 수준의 방어작전에는 보통 공격, 안정화작전 및 지원작전이 포함된다.

During force projection, defensive operations by in-theater or early arriving forces can maintain the operational initiative for joint or multinational forces. If conditions do not support offensive operations, initial-entry forces defend the lodgment while the joint force commander builds combat power. Initial-entry forces should include sufficient combat power to deter, attack, or defend successfully.

force projection 전투력 투사, defensive operations 방어작전, operational initiative 작전적 주도권, joint or multinational force 합동 혹은 다국적군, initial-entry force 최초진입부대, joint force 합동군, commander 지휘관, combat power 지휘관, deter 저지하다, attack 공격하다, defend 방어하다

전투력투사 중에 전구 내 또는 조기도착부대에 의한 방어작전은 합동 및 다국적군의 작전적 주도권을 유지시켜줄 수 있다. 공격작전 여건이 조성되지 않을 경우, 합동군사령관이 전투력을 형성하는 동안 최초진입부대는 거점을 방어한다. 최초진입부대는 성공적으로 억제, 공격 및 방어할 수 있는 충분한 전투력을 보유해야 한다.

Successful defenses are aggressive; they use direct, indirect, and air-delivered fires; information operations (IO); and ground maneuver to strike the enemy. They maximize firepower, protection, and maneuver to defeat enemy forces. Static and mobile elements combine to deprive the enemy of the initiative. The defender resists and contains the enemy. Defending commanders seek every opportunity to transition to the offensive.

defense 방어, direct, indirect, and air-delivered fire 직·간접·공중화력, information operations(IO) 정보작전, ground maneuver 지상기동, firepower 화력, protection 방호, maneuver 기동, defeat enemy force 적을 격퇴하다, initiative 주도권, defender 방자, contain 견제하다, defending commander 방어부대 지휘관, transition to the offensive 공격으로 전환하다

성공적인 방어는 공세적이어야 한다. 즉 성공적인 방어작전에는 직·간접 화력, 공중화력, 정보작전, 적을 타격하기 위한 지상기동이 사용된다. 성공적인 방어를 위해 적을 격퇴할 화력, 방호 및 기동을 최대화해야 한다. 적으로부터 주도권을 박탈하기 위해 정적 요소와 동적 요소가 결합되어야 한다. 방자는 적에게 저항하고 공자는 적을 견제한다. 방어부대 지휘관은 공격으로 전환하기 위해 가능한 기회를 노려야 한다.

4-2 견제(containment)

아군의 주력(main effort)방향에 사용될 적 전투력(enemy combat power)을 분산시켜 주력방면의 전투력비가 아군에게 유리하도록 할 목적으로 아군이 원하는 주력 방면 이외의 지역에 적 병력을 고착시키든가(fix the enemy forces) 또는 적의 행동의 자유(enemy freedom of action)를 방해하는 것.

While the fundamentals of the defense continue to apply to a modernized force, advanced technology systems modify the way commanders conduct defensive operations. Greater understanding of friendly and enemy situations and the fusion of command and control (C2); intelligence, surveillance, and reconnaissance (ISR); long-range precision fires; and combat service support (CSS) technologies make the mobile defense even more lethal and effective. Whenever practical, commanders of modernized forces use the mobile defense because it takes maximum advantage of Army force strengths.

fundamental of the defense 방어 원칙, commander 지휘관, defensive operations 방어작전, friendly and enemy situation 아군 및 적 상황, command and control(C2) 지휘 및 통제, intelligence, surveillance, and reconnaissance(ISR) 정보·감시 및 정찰, long-range precision fire 장거리 정밀화력, combat service support(CSS) 전투근무지원, mobile defense 기동방어, Army force strength 지상군의 강점

방어원칙은 현대화된 군에도 지속적으로 적용되고 있는 반면, 첨단기술체계는 지휘관이 방어작전을 수행하는 방법을 바꾸고 있다. 더욱 발달된 피·아 상황파악과 지휘통제의 융합, 정보·감시·정찰, 장거리 정밀화력, 전투근무지원 기술은 기동방어를 더 치명적이고 효과적으로 만들고 있다. 기동방어는 지상군의 강점을 최대한 활용할 수 있기 때문에, 실효성이 있을 때마다 현대화된 군의 지휘관은 기동방어를 해야 한다.

An effective defense engages the enemy with static and mobile forces. It combines the elements of combat power to erode enemy strength and create conditions for a counterattack. Defenders seek to increase their freedom to maneuver while denying it to the attacker. The enemy falters as losses increase and the initiative shifts to the defender, allowing counterattacks. Counterattack opportunities rarely last long; defenders strike swiftly to force the enemy to culminate. Preparation, security, disruption, massing effects, and flexibility all characterize successful defensive operations.

defense 방어, engages the enemy 적과 교전하다, mobile force 기동부대, element of combat power 전투력 발휘요소, counterattack 역습, freedom to maneuver(=freedom of action) 기동의 자유, attacker 공자, initiative 주도권, defender 방자, strike 타격하다, culminate 작전한계점에 도달하다, security 경계, disruption 와해, massing effect 집중효과, flexibility 융통성

효과적인 방어를 위해 배치된 부대와 기동부대로 적과 교전해야 한다. 효과적인 방어를 위해 적의 강점은 약화시키고, 역습의 여건을 조성하기 위해 전투력 발휘요소는 결합되어야 한다. 방자는 공자에게 기동의 자유를 허용하지 않아야 하는 반면, 자신의 기동의 자유는 증대해야 한다. 손실은 커지고 주도권이 방자에게 넘어올 때 역습이 가능하다. 역습의 기회는 오래 지속되는 것은 아니다. 즉 방자는 적이 작전한계점에 도달하도록 강요하면서 신속하게 타격해야 한다. 성공적인 방어작전의 특징은 준비, 경계, 와해, 집중효과 및 융통성이다.

1 준비

The defense has inherent strengths. The defender arrives in the area of operations (AO) before the attacker and uses the available time to prepare. Defenders study the ground and select positions that allow massing fires on likely approaches. They combine natural and manmade obstacles to canalize attacking forces into engagement areas. Defending forces coordinate and rehearse actions on the ground, gaining intimate familiarity with the terrain. They place security and reconnaissance forces throughout the AO. These preparations multiply the effectiveness of the defense. Preparation ends only when defenders retrograde or begin to fight. Until then, preparations are continuous. Preparations in depth continue, even as the close fight begins.

defense 방어, defender 방자, area of operations(AO) 작전지역, attacker 공자, ground 지형, likely approach 예상 접근로(=avenue of approach), natural and manmade obstacle 인공 및 자연 장애물, attacking force 공격부대, engagement area 교전지역, defending force 방어부대, coordinate 협조하다, rehearse 예행연습을 하다, security and reconnaissance force 경계 및 정찰부대, preparation 준비, effectiveness of the defense 방어의 효과성, retrograde 후퇴하다, close fight 근접전투

방어에는 고유의 강점이 있다. 방자는 공자보다 먼저 작전지역에 도착하여 작전을 준비할 수 있는 시간이 있다. 방자는 지형을 연구하고 예상 접근로에 화력이 집중될 수 있는 위치를 선정해야 한다. 방자는 적을 교전지역으로 유인하기 위해 자연 및 인공장애물을 통합해야 한다. 지형에 익숙해지기 위해 방어부대는 실제 지형에서 행동을 협조하고 예행연습을 해야 한다. 방어부대는 작전지역 전체에 경계 및 정찰부대를 배치해야 한다. 이러한 방어준비는 방어의 효과성을 배가시킨다. 방어준비는 방자가 후퇴

하거나 전투가 시작되는 경우에만 종결된다. 그 전까지 방어준비는 계속되어야 한다. 심지어 근접전투가 시작된 경우에도 종심방어 준비는 계속되어야 한다.

2 경계

Commanders secure their forces principally through security operations, force protection, and IO. Security operations help deceive the enemy as to friendly locations, strengths, and weaknesses. They also inhibit or defeat enemy reconnaissance operations. These measures provide early warning and disrupt enemy attacks early and continuously. Force protection efforts preserve combat power. Offensive IO inaccurately portray friendly forces and mislead enemy commanders through military deception, operations security, and electronic warfare. These measures contribute to the defender's security.

commander 지휘관, security operations 경계작전, force protection 부대방호, IO 정보작전, friendly location 아군 위치, strength 강점, weakness 약점, enemy reconnaissance operations 적 정찰작전, early warning 조기경고, enemy attack 적 공격, combat power 전투력, military deception 군사기만, operations security(OPSEC, 앞섹) 작전보안, electronic warfare(EW) 전자전, defender's security 방자의 경계

지휘관은 대개 경계작전, 부대방호, 정보작전을 통해 부대를 경계한다. 경계작전은 아군의 위치와 강점 및 약점에 대해 적을 기만하는데 도움이 된다. 경계작전은 또한 적의 정찰작전을 방해하고 격퇴한다. 이러한 대책으로 조기경고가 이루어지고, 적의 공격이 조기에 지속적으로 와해된다. 부대방호 노력으로 전투력을 보존할 수 있다. 군사기만, 작전보안, 전자전을 통한 공세적 정보작전으로 아군 부대를 노출시키지 않고 적 지휘관의 판단을 흐리게 한다. 이런 대책은 방자의 경계에 기여한다.

> 4-3 전자전(electronic warfare, EW)
> 적의 C4I 및 전자무기체계의 기능을 마비 또는 무력화시키고 적의 전자전 활동으로부터 아군의 C4I 및 전자무기체계를 보호하며 적의 전자파를 탐지하여 징후 및 위치를 식별하는 제반 군사활동으로 전자전을 전자공격(electronic attack, EA), 전자전 지원(electronic warfare support, ES), 전자보호(electronic protection, EP)로 분류한다.

3 와해

Defenders disrupt attackers' tempo and synchronization with actions designed to prevent them from massing combat power. Disruptive actions attempt to unhinge the enemy's preparations and, ultimately, his attacks. Methods include defeating or misdirecting enemy reconnaissance forces, breaking up his formations, isolating his units, and attacking or disrupting his systems. Defenders never allow attackers to fully prepare. They use spoiling attacks before enemies can focus combat power, and counterattack before they can consolidate any gains. Defenders target offensive IO against enemy C2 systems and constantly disrupt enemy forces in depth.

defender 방자, attackers' tempo 공자의 작전속도 synchronization 동시통합, combat power 전투력, disruptive action 와해행동, enemy reconnaissance force 적 정찰부대, formation 대형, isolate enemy unit 적 부대를 고립하다, spoiling attack 파쇄공격, counterattack 역습, offensive IO 공세적 정보작전, enemy C2(command and control) system 적 지휘통제체계

방자는 공자가 전투력을 집중하지 못하도록 계획된 행동으로 공자의 작전속도와 동시통합을 와해해야 한다. 와해 행동은 적의 준비, 궁극적으로 적의 공격을 혼란시키는 것이다. 와해 방법에는 적 정찰부대를 격퇴하거나 잘못된 방향으로 유도하는 것, 적의 대형을 와해하고 적 부대를 고립시키며, 적의 체계를 공격하거나 와해하는 것 등이다. 방자는 공자가 충분하게 (공격) 준비를 하도록 허용해서는 안 된다. 방자는 적이 전투력을 집중하기 전에 파쇄공격을 하고, 적이 이점을 강화하기 전에 역습을 한다. 방자는 적 지휘통제체계에 대한 공세적 정보작전을 지향하고 지속적으로 종심에서 적 부대를 와해해야 한다.

4 효과의 집중

Defenders seek to mass the effects of overwhelming combat power where they choose and shift it to support the decisive operation. To obtain an advantage at decisive points, defenders economize and accept risk in some areas; retain and, when necessary, reconstitute a reserve; and maneuver to gain local superiority at the point of decision. Defenders may surrender some ground to gain time to concentrate forces.

defender 방자, mass 집중하다, combat power 전투력, shift 전환하다, decisive operation 결정적 작전, at decisive point 결정적 지점에서, economize 병력을 절약하다, accept risk 위험을 감수하다, reconstitute a reserve 예비대의 전투력을 복원하다, maneuver 기동, local superiority at the point of decision 결정적 지짐에서의 국지적 우세, some ground 일부 지형, concentrate force 부대를 집중하다

방자는 자신이 선택한 장소에서 압도적인 전투력의 효과를 집중하고, 결정적작전을 지원하기 위하여 전투력을 전환하여야 한다. 결정적 지점에서 이점을 획득하기 위해 방자는 병력을 절약하고, 일부지역에서의 위험을 감수하며, 예비대를 보유하고, 필요한 경우 예비대의 전투력을 복원하며, 국지적 우세를 달성하기 위하여 결정적 지점에서 기동해야 한다. 방자는 부대를 집중할 수 있는 시간을 획득하기 위해 일부 지형을 포기할 수도 있다.

Commanders accept risk in some areas to mass effects elsewhere. Obstacles, security forces, and fires can assist in reducing risk. Since concentrating forces increases the threat of large losses from weapons of mass destruction (WMD), commanders use deception and concealment to hide force concentrations. They also protect their forces with air and missile defenses.

commander 지휘관, accept risk 위험을 감수하다, mass effect 효과를 집중하다, obstacle 장애물, security force 경계부대, fire 화력, threat of large loss 대량 손실 위협, weapons of mass destruction(WMD) 대량살상무기, deception 기만, concealment 은폐, air and missile defense 공중 및 미사일 방어

지휘관은 다른 지역에서 효과의 집중을 위해 일부지역의 위험을 감수해야 한다. 장애물과 경계부대 및 화력은 위험을 줄이는데 도움이 될 수 있다. 집중운용 되고 있는 대량살상무기로부터 대량 손실을 입을 위험이 커지기 때문에 지휘관은 부대의 집중을 감추기 위해 기만과 은폐를 이용한다. 지휘관은 또한 공중 및 미사일 방어체계로 부대를 방호한다.

5 융통성

Defensive operations require flexible plans. Planning focuses on preparations in depth, use of reserves, and the ability to shift the main effort. Commanders add flexibility by designating supplementary positions, designing counterattack plans, and preparing to counterattack.

defensive operations 방어작전, flexible plan 융통성 있는 계획, preparation in depth 종심 깊은 준비, reserve 예비대, main effort 주 노력, commander 지휘관, supplementary position 보조진지, counterattack plan 역습계획

방어작전에는 융통성 있는 계획이 요구된다. (방어) 계획은 종심 깊은 준비, 예비대 운용, 주노력 전환 능력에 주안을 둔다. 지휘관은 보조진지를 지정하고, 역습계획을 구상하고 준비함으로써 융통성을 배가시킨다.

4-4 전투진지(battle position, BP)

부대가 방어 혹은 공격 시 적이 지향하는 접근로(avenue of approach)를 통제할 수 있는 지역에 설정하는 진지로 통상 소대~대대급 부대가 전투진지를 편성한다.

4-5 보조진지(supplementary position)

주진지(primary position) 또는 예비진지(alternate position)에서 사격할 수 없거나 진지노출을 고려한 표적공격을 위하여 점령하는 진지로서 포병부대는 주·야간 장거리 표적에 저지사격을 실시하기 위한 전방진지 점령, 기밀 유지를 위한 기록사격 등을 위하여 선정하여 사용한다.

4-6 예비진지(alternate position)

주진지(primary position)에서 임무수행이 불가능하거나 부적합할 경우 부대, 화기 또는 인원이 점령하는 진지. 예비진지는 주진지와 근접되어 있어야 하나 주진지에서 임무수행이 불가능했던 동일한 이유가 예비진지까지 영향을 주지 않도록 충분히 이격시켜야 함.

방어작전의 유형
Types of Defensive Operations

The three types of defensive operations are the mobile defense, area defense, and retrograde. All apply at both the tactical and operational levels of war. Mobile defenses orient on destroying attacking forces by permitting the enemy to advance into a position that exposes him to counterattack. Area defenses orient on retaining terrain; they draw the enemy in an interlocking series of positions and destroy him largely by fires. Retrogrades move friendly forces away from the enemy to gain time, preserve forces, place the enemy in unfavorable positions, or avoid combat under undesirable conditions. Defending commanders combine the three types to fit the situation.

type of defensive operation 방어작전의 형태, mobile defense 기동방어, area defense 지역방어, retrograde 후퇴, tactical and operational levels of war 전술적·작전적 수준의 전쟁, destroy attacking force 공격부대를 격멸하다, counterattack 역습, terrain 지형, position 진지, by fire 화력으로, friendly force 아군부대, unfavorable position 불리한 위치, avoid combat 전투를 피하다, undesirable condition 불리한 조건

방어작전의 세 가지 유형은 기동방어, 지역방어, 후퇴이다. 이 모두는 전술적 및 작전적 수준의 전쟁에 적용된다. 기동방어는 역습에 취약한 지역으로 적이 전진하도록 유도하여 공격부대 격멸에 주안을 둔다. 지역방어는 지형확보에 주안을 둔다. 즉 지역방어는 적을 일련의 연결된 진지로 유인하여 주로 화력으로 격멸한다. 후퇴란 시간획득, 부대보전, 불리한 위치로의 적 배치 또는 원하지 않는 조건 하에서 전투회피를 위해 적으로부터 아군부대를 멀리 이동시키는 것이다. 방어부대 지휘관은 상황에 따라 이런 세 가지 형태의 방어를 통합한다.

All three types of defense use mobile and static elements. In mobile defenses, static positions help control the depth and breadth of the enemy penetration and retain ground from which to launch counterattacks. In area defenses, commanders closely integrate patrols, security forces and sensors, and reserve forces to cover gaps among defensive positions. They reinforce positions as necessary and counterattack as directed. In retrograde operations, some units conduct area or mobile defenses or security operations to protect other units that execute carefully controlled maneuver or movement rearward. They use static elements to fix, disrupt, turn, or block the attackers. They use mobile elements to strike and destroy the enemy.

types of defense 방어의 형태, mobile defense 기동방어, static position 고정진지, depth 종심, breadth 폭, enemy penetration 적 돌파, retain ground 지역을 확보하다, counterattack 역습, patrol 정찰, security force 경계부대, sensor 감시장비, reserve force 예비대, gap 간격, defensive position 방어진지, reinforce 보강하다, retrograde operations 후퇴작전, security operations 경계작전, maneuver or movement 기동 혹은 이동, fix 고착하다, disrupt 와해하다(, block 저지하다, strike 타격하다, destroy 격멸하다

세 가지 방어형태에는 기동부대와 배치된 부대가 모두 운용된다. 기동방어에서 고정진지는 적 돌파의 종심과 폭을 통제하고 역습을 개시할 수 있는 지역을 확보하는데 도움이 된다. 지역방어에서 지휘관은 방어진지간의 간격을 보완하기 위해 정찰, 경계부대, 감시장비, 예비대를 긴밀하게 통합한다. 지역방어 지휘관은 필요에 따라 진지를 보강하고 지시대로 역습을 실시한다. 후퇴작전에서 일부 부대들은 철저하게 통제되어 후방으로 기동하거나 이동하는 부대를 방호하기 위해 지역방어, 기동방어 또는 경계작전을 실시한다. 이러한 부대는 공자를 고착, 와해, 전환 혹은 저지하기 위하여 배치된 부대를 이용하고 적을 타격하고 격멸하기 위해 기동부대를 운용한다.

1 기동방어

The mobile defense is a type of defensive operation that concentrates on the destruction or defeat of the enemy through a decisive attack by a striking force. (See Figure 4-1) A mobile defense requires defenders to have greater mobility than attackers. Defenders combine offensive, defensive, and delaying actions to lure attackers into positions where they are vulnerable to counterattack. Commanders take advantage of terrain in depth, military deception, obstacles, and mines while employing fires and maneuver to wrest the initiative from the attacker.

mobile defense 기동방어, type of defensive operation 방어작전의 형태, destruction 격멸, defeat 격퇴, decisive attack 결정적 공격, striking force 타격부대, defender 방자, mobility 기동력, attacker 공자, offensive, defensive, and delaying action 공격·방어·지연전, vulnerable to counterattack 역습에 취약한, terrain in depth 종심지형, military deception 군사기만, obstacle 장애물, mine 지뢰, fire and maneuver 화력과 기동, initiative 주도권

기동방어는 타격부대에 의한 결정적 공격으로 적 격멸 혹은 격퇴에 주안을 두는 방어 작전의 형태이다. (그림 4-1 참조) 기동방어는 방자로 하여금 공자보다 더 신속한 기동력을 요구한다. 방자는 역습에 취약한 지역으로 공자를 유인하기 위해 공격, 방어, 지연전을 통합한다. 지휘관은 공자로부터 주도권을 탈취하기 위해 화력과 기동을 사용하는 한편 종심 지형, 군사기만, 장애물 및 지뢰를 이용한다.

| 그림 4-1 | 기동방어

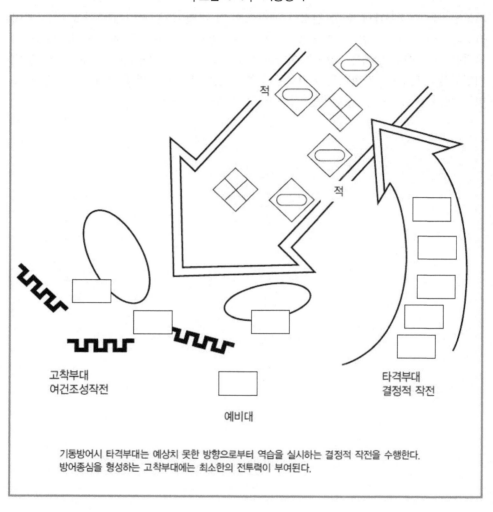

고착부대
여건조성작전

예비대

타격부대
결정적 작전

기동방어시 타격부대는 예상치 못한 방향으로부터 역습을 실시하는 결정적 작전을 수행한다.
방어종심을 형성하는 고착부대에는 최소한의 전투력이 부여된다.

Commanders commit the minimum force necessary to purely defensive tasks. They place maximum combat power in a striking force that counterattacks as the enemy maneuvers against friendly positions. Striking forces are considered committed throughout the operation. They have one task: plan, prepare, and execute the decisive operation—the counterattack. Defenders draw attackers into terrain that enables the striking force to counterattack from an unexpected direction. They press the counterattack with overwhelming force and violence.

commander 지휘관, minimum force 최소한의 부대, defensive task 방어과업, maximum combat power 최대한의 전투력, striking force 타격부대, counterattack 역습하다, maneuver 기동하다, friendly position 아군진지, plan, prepare, and execute the decisive operation 결정적작전을 계획하고 준비하고 실행하다, defender 방자, attacker 공자, terrain 지형, unexpected direction 예상치 못한 방향, overwhelming force 압도적 부대

지휘관은 순수하게 방어 과업을 달성하는데 필요한 최소한의 부대를 투입해야 한다. 지휘관은 적이 아 진지로 기동해올 때 역습을 수행하는 타격부대에 최대한의 전투력을 부여해야 한다. 타격부대는 작전전반에 걸쳐 투입되어 있는 부대로 간주된다. 타격부대는 결정적작전을 계획하고 준비하며 실시하는 역습이라는 하나의 과업을 가지고 있다. 방자는 타격부대가 예상하지 못한 방향에서 역습을 실시할 수 있는 지형으로 공자를 끌어들여야 한다. 방자는 압도적인 병력으로 맹렬하게 역습을 가해야 한다.

In planning a counterattack, commanders consider enemy options and the likely locations of possible follow-on forces. Commanders decide where to position the striking force, what routes and avenues of approach to use, what fire support is necessary, and what interdiction or attack on follow-on forces will isolate the enemy. They combine military deception and security operations to render enemy reconnaissance ineffective.

counterattack 역습, enemy option 적 방책, follow-on force 후속부대, commander 지휘관, striking force 타격부대, avenue of approach 접근로, fire support 화력지원, interdiction 차단, attack 공격 isolate the enemy 적을 고립시키다, military deception 군사기만, security operations 경계작전, reconnaissance 수색정찰

역습을 계획함에 있어서 지휘관은 적 방책 및 투입 가능한 후속부대의 예상위치를 고려해야 한다. 지휘관은 타격부대의 배치, 사용할 통로 및 접근로, 필요한 화력지원, 적을 고립시킬 수 있는 후속부대에 대한 차단 또는 공격방안을 결정한다. 지휘관은 적의 수색정찰을 비효과적으로 만들기 위해 군사기만과 경계작전을 통합한다.

In addition to the striking force, commanders designate a reserve, if forces are available. Reserves are uncommitted forces and may execute numerous missions. They give the commander flexibility. Reserves support fixing forces, ensuring that the defense establishes conditions for success of the counterattack. If the reserve is available after the commander commits the striking force, it exploits the success of the striking force.

designate a reserve 예비대를 지정하다, **uncommitted force** 투입되지 않은 부대, **mission** 임무, **flexibility** 융통성, **fix force** 부대를 고착하다, **establishes condition** 여건을 조성하다, **exploit** 전과를 확대하다

만약 부대가 가용하면 타격부대 외에 지휘관은 예비대를 지정한다. 예비대는 투입되지 않은 부대이며 다양한 임무를 수행할 수 있다. 예비대는 지휘관에게 융통성을 부여해 준다. 예비대는 고착임무를 지원하고 방어부대의 역습 성공 여건을 보장해 준다. 지휘관이 타격부대를 투입한 후에도 예비대가 가용하면 예비대는 타격부대의 성공을 확대한다.

2 지역방어

The area defense is a type of defensive operation that concentrates on denying enemy forces access to designated terrain for a specific time rather than destroying the enemy outright.(See Figure 4-2) The bulk of defending forces combine static defensive positions, engagement areas, and small, mobile reserves to retain ground. Keys to successful area defenses include effective and flexible control, synchronization, and distribution of fires. Area defenses employ security forces on likely enemy avenues of approach. Commanders employ a reserve with priority to the counterattack. Other potential reserve missions include blocking enemy penetrations and reinforcing other portions of the defense. Area defenses can also be part of a larger mobile defense.

area defense 지역방어, defensive operation 방어작전, deny enemy forces access 적 부대접근을 거부하다, designated terrain 지정된 지형, destroy the enemy 적을 격멸하다, defending force 방어부대, defensive position 방어진지, engagement area 교전지역, small, mobile reserve 소규모 기동방어, ground 지형, synchronization 동시·통합 distribution of fire 화력분배, security force 경계부대, likely enemy avenue of approach 예상되는 적 접근로, reserve 예비대, counterattack 역습, penetration 돌파

지역방어는 적을 완전히 격멸하기보다는 특정시간에 지정된 지형으로 적 접근을 거부하는데 중점을 두는 방어작전의 형태이다. (그림 4-2 참조) 지역방어 시 다수의 방어부대는 지형을 확보하기 위해 고정방어진지와 교전지역 및 소규모 기동 예비대를 통합한다. 성공적인 지역 방어의 관건은 효과적이고 융통성 있는 통제, 동시통합, 화력분배 등이다. 지역방어 시 예상되는 적 접근로에 경계부대가 운용된다. 지휘관은 역습에 우선순위를 두고 예비대를 운용한다. 그 외 예비대의 잠재적 임무는 적 돌파를 저지하고 타 방어력을 강화하는 것 등이다. 지역방어는 보다 큰 주력 기동방어의 일부분이 될 수도 있다.

| 그림 4-2 | 지역방어

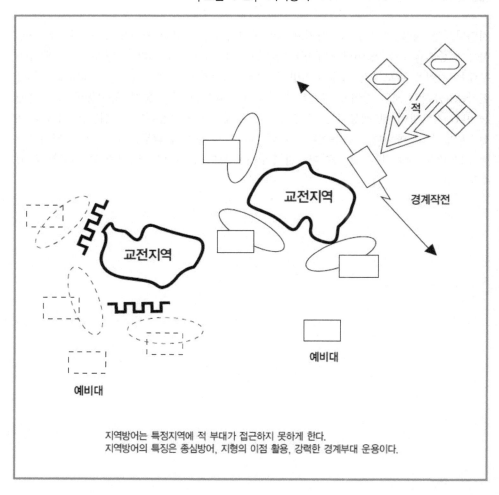

지역방어는 특정지역에 적 부대가 접근하지 못하게 한다.
지역방어의 특징은 종심방어, 지형의 이점 활용, 강력한 경계부대 운용이다.

Area defense vary in depth, design, and purpose according to the situation. Commanders deny or retain key terrain if the friendly situation gives no other option or friendly forces are outnumbered. Lower-echelon tactical units may position their forces in battle positions on suitable terrain. On occasion, commanders may use a strong point to deny key terrain to the enemy and force his movement in a different direction. Constructing a strong point requires considerable time and engineer support.

area defense 지역방어, **key terrain** 주요지형, **friendly situation** 아군상황, **be outnumbered** 수적으로 열세하다, **lower-echelon tactical unit** 하급제대 전술부대, **battle position** 전투진지, **terrain** 지형, **strong point** 거점, **movement** 이동, **engineer support** 공병지원

지역방어에서 종심, (작전)구상, 목적은 상황에 따라 다양하다. 아군 상황이 선택의 여지가 없거나 아군 부대가 수적으로 열세하다면 지휘관은 중요지형을 거부하거나 확보해야 한다. 하급제대 전술부대는 적절한 지형상의 전투진지에 부대를 배치할 수도 있다. 경우에 따라 지휘관은 중요지형을 적에게 내어주지 않고 다른 방향으로 적의 이동을 강요하기 위해 거점을 사용할 수도 있다. 거점 구축은 상당한 시간과 공병의 지원을 필요로 한다.

4-7 이동(movement)

비 접적 하에서 동시다발적 효과집중을 달성하거나 기동여건을 조성하기 위하여 전투력(combat power)을 전투공간(battlespace) 내의 한 위치에서 보다 유리한 다른 위치로 전환 및 배치시키거나 타 지역의 전투력과 상호 연결시키는 제반활동으로서 다차원 공간 내 연합(combined) 및 합동(joint), 제병협동부대(combined arms)를 통합 운용하여 적보다 상대적으로 유리한 위치로 전투력을 전환(shift), 배치(position) 및 전개시켜(deploy) 동시 다발적인 효과집중(massing effect)을 달성하거나 기동여건(condition to maneuver)을 조성하는 것이다.

4-8 기동(maneuver)

접적상태에서 상대적 전력우세(relative superiority of combat power) 및 충격효과(shock effect)를 달성하기 위하여 전투력(combat power)을 적 전투공간(battlespace) 내 유리한 위치로 전환 및 배치하고 타 전투력과 상호 연결하는 제반활동으로서 유리한 기동여건(condition to maneuver)을 조성한 후 적 방향으로 전투공간을 확대하여 상대적으로 유리한 위치에 전투력을 전환, 배치 및 전개시켜 상대적 전력우세를 달성하거나 적 중심(enemy center of gravity) 및 취약부분(vulnerability)에 충격을 가하여 교란(harassment)을 유발한다.

3 후퇴

A retrograde is a type of defensive operation that involves organized movement away from the enemy. The three forms of retrograde operations are withdrawals, delays, and retirements. Commanders use retrogrades as part of a larger scheme of maneuver to create conditions to regain the initiative and defeat the enemy. Retrogrades improve the current situation or prevent a worse situation from occurring. Operational-level commanders may execute retrogrades to shorten lines of communications (LOCs).

retrograde 후퇴, defensive operation 방어작전, organized movement 조직적인 이동, retrograde operations 후퇴작전, withdrawal 철수, delay 지연전, retirement 철퇴, commander 지휘관, scheme of maneuver 기동계획, regain the initiative 주도권을 회복하다, current situation 현 상황, operational-level commander 작전술 제대 지휘관, line of communications(LOC) 병참선

후퇴는 적으로부터 조직적인 이동을 하는 방어작전의 형태이다. 후퇴작전의 3가지 형태는 철수, 지연전 및 철퇴이다. 지휘관은 주도권을 회복하고 적을 격퇴하기 위한 여건을 조성하기 위해 더 큰 기동계획의 일부로서 후퇴를 이용한다. 후퇴는 현 상황을 진전시키거나 더 나쁜 상황이 발생하는 것을 방지한다. 작전술 제대 지휘관은 병참선을 단축시키기 위해 후퇴를 실시할 수도 있다.

4-9 기동계획(scheme of maneuver)

부대가 부여된 임무를 완수(mission accomplishment)하기 위하여 예속 및 배속부대(assigned and attached units) 등의 기동(maneuver) 및 운용(employment)에 관한 계획으로서 적보다 상대적으로 유리한 위치를 확보하고 적의 대응보다 더 빠른 속도로 적 후방종심(enemy rear in depth)으로 기동하여 적을 격멸할 수 있도록 작성된 계획으로 부대기동(unit maneuver), 부대할당(unit allocation), 전투편성(task organization) 등이 포함된다.

철수

A withdrawal, a form of retrograde, is a planned operation in which a force in contact disengages from an enemy force. Withdrawals may involve all or part of a committed force. Commanders conduct withdrawals to preserve the force, release it for a new mission, avoid combat under undesirable conditions, or reposition forces. Enemy pressure may or may not be present during withdrawals. At tactical echelons, withdrawing forces may be unassisted or assisted by another friendly force.

withdrawal 철수, form of retrograde 후퇴작전의 형태, planned operation 계획된 작전, disengage 전투이탈하다, committed force 투입부대, commander 지휘관, preserve the force 부대를 보존하다, mission 임무, combat under undesirable condition 불리한 조건하에서의 전투, tactical echelon 전술적 제대, withdrawing force 철수부대, friendly force 아군부대

후퇴작전의 한 형태인 철수는 적과 접촉하고 있는 부대가 적 부대로부터 전투이탈을 하는 일종의 계획된 작전이다. 투입부대 전체 또는 일부가 철수를 할 수도 있다. 지휘관은 부대를 보존하고 새로운 임무를 위해 부대를 해제하거나 불리한 조건 하에서 전투를 피하고 부대를 재배치하기 위하여 철수를 수행한다. 철수 중에 적의 압박이 있을 수도 있고 없을 수도 있다. 전술제대에서 철수부대는 타 아군부대에 의해 지원을 받을 수도 있고 받지 않을 수도 있다.

In a corps or division withdrawal, commanders organize a security force and a main body. The security force prevents the enemy from interfering with the withdrawal. The main body forms behind the security force and moves away from the enemy; the security force remains between the enemy and the main body and conceals main body preparations and movement. If the withdrawal begins without being detected, the security force may remain in position to prolong the concealment. After the main body withdraws a safe distance, the security force moves to intermediate or final positions. If the enemy detects the withdrawal and attacks, the security force delays to allow the main body to withdraw. Main body units may reinforce the security force if necessary. They will themselves delay or defend if the security force fails to slow the enemy.

corps or division 군단 혹은 사단, withdrawal 철수, commander 지휘관, security force 경계부대, main body 본대, conceal 은폐하다, preparations and movement 준비 및 이동, position 진지, intermediate or final position 중간진지 혹은 최종진지, attack 공격하다, delay 지연하다, reinforce 보강하다

군단 혹은 사단의 철수 시 지휘관은 경계부대와 본대를 편성한다. 경계부대는 적이 철수를 방해하지 못하도록 한다. 본대는 경계부대 후방에서 대형을 갖추고 적으로부터 떨어져 이동한다. 즉, 경계부대는 적과 본대의 사이에 위치하여 본대의 준비와 이동을 은폐한다. 만약 적에게 발각되지 않은 채 철수가 시작된다면 경계부대는 본대의 은폐를 지속시키기 위해 진지에 잔류할 수도 있다. 본대가 안전한 거리까지 철수하면 경계부대는 중간 또는 최종진지로 이동한다. 만약 적이 아군의 철수를 감지하고 공격할 경우 경계부대는 본대가 철수할 수 있도록 지연한다. 필요하다면 본대로 편성된 부대가 경계부대를 증원해줄 수도 있다. 경계부대가 적을 지연시키지 못한다면 본대 자신이 지연전 및 방어를 실시할 것이다.

Commanders plan for and employ air and ground reserves, indirect and missile counterfire, and air defenses. Corps and division reserves remain near main body units to assist withdrawing units by fire and maneuver, if needed. Corps and division reserves may execute spoiling attacks to disorganize and delay the enemy or to extricate encircled or decisively engaged forces.

commander 지휘관, air and ground reserve 공중 및 지상 예비, counterfire 대화력, air defense 방공, corps and division reserve 군단 및 사단 예비대, main body unit 본대에 편성된 부대, withdrawing unit 철수부대, fire and maneuver 화력과 기동, spoiling attack 파쇄공격, disorganize 와해하다, delay 지연하다, encircled or decisively engaged force 전면포위 혹은 결정적으로 교전하고 있는 부대

지휘관은 공중 및 지상 예비, 간접 및 미사일 대화력, 방공에 대해 계획하고 운용해야 한다. 군단 및 사단 예비대는 필요한 경우 화력과 기동으로 철수부대를 지원하기 위해 본대 가까이 위치한다. 군단 및 사단 예비대는 적을 와해하고 지연하거나 포위 되었거나 결정적으로 교전에 가담한 부대를 구해내기 위해 파쇄공격을 실시할 수도 있다.

Commanders use IO and security operations when withdrawing to deny the enemy information and present false information. They avoid moving forces prematurely or revealing other actions that could signal their withdrawal plans. For example, relocating combat support (CS) and CSS facilities, emplacing obstacles, and destroying routes may signal a withdrawal. To seize the initiative, commanders direct offensive IO that include measures to conceal withdrawal preparations.

IO 정보작전, security operations 경계작전, information 첩보, withdrawal plan 철수계획, combat support(CS) and CSS facility 전투지원과 전투근무지원 시설, obstacle 장애물, route 철수로, initiative 주도권, offensive 공세적, conceal 은폐하다

철수 시 지휘관은 적이 첩보를 획득하지 못하게 하고 허위첩보를 제공하기 위해 정보작전과 경계작전을 사용한다. 지휘관은 성급하게 부대를 이동시키거나 아군의 철수계획을 적에게 드러낼 수 있는 여타의 행동을 노출시키지 않도록 해야 한다. 예를 들어 전투지원 및 전투근무지원 시설의 재배치, 장애물 설치, 이동로 파괴는 철수한다는 신호를 보내는 것이 될 수 있다. 주도권을 장악하기 위해 지휘관은 철수준비를 감추기 위한 대책을 포함한 공세적 정보작전을 감독해야 한다.

Commanders dedicate resources and plan for future operations when withdrawing. The ability to conduct a timely withdrawal is especially dependent upon sufficient transport. CSS planners assist in developing courses of action and adjust sustaining operations to conform to the commander's decisions. A withdrawal ends when the force breaks contact and transitions to another operation. Forces may withdraw into a defended area and join its defense, withdraw into a secure area and prepare for future operations, or continue away from the enemy in a retirement.

resource 자원, future operations 장차작전, timely withdrawal 적시적 철수, transport 수송, CSS(combat service support) 전투근무지원, courses of action 방책, sustaining operations 전투력지속작전, commander's decision 지휘관 결심, transitions to another operation 타 작전으로 전환하다, defended area 방어지역, defense 방어, secure area 안전지대, retirement 철퇴

철수 시 지휘관은 장차작전을 위해 자원을 할당하고 계획을 수립한다. 적시적인 철수 수행 능력은 특히 충분한 수송능력에 좌우된다. 전투근무지원을 계획하는 담당자는 방책을 발전시키고 지휘관의 결심에 부합되는 전투력지속작전 조정한다. 철수는 부대가 적과의 접촉을 중단하고 다른 작전으로 전환할 때 종료된다. 부대는 방어지역으로 철수하여 방어에 참가하거나 안전한 지대로 철수하여 장차작전을 준비하거나 적으로부터 멀리 떨어져 있도록 철퇴를 시행한다.

지연전

A delay is a form of retrograde in which a force under pressure trades space for time by slowing the enemy's momentum and inflicting maximum damage on the enemy without, in principle, becoming decisively engaged. Delays gain time for friendly forces to—

- Establish defenses.
- Cover defending or withdrawing units.
- Protect friendly unit flanks.
- Contribute to economy of force.
- Draw the enemy into unfavorable positions.
- Determine the enemy main effort.

delay 지연, form of retrograde 후퇴작전의 형태, enemy's momentum 적 공격기세, maximum damage 최대의 피해, engage 교전하다, friendly force 아군부대, cover defending or withdrawing unit 방어 혹은 철수부대를 엄호하다, flank 측방, economy of force 병력절약, unfavorable position 불리한 조건, main effort 주 노력

지연전은 적의 기세를 둔화시키고 원칙적으로 적과의 결정적 교전 없이 적에게 최대한의 피해를 가함으로써 적의 압력 하에 있는 부대가 시간을 얻기 위해 공간을 양보하는 후퇴의 한 형태이다. 지연전은 아군부대가 방어태세를 확립하고, 방어부대 혹은 철수부대를 엄호하고, 아군부대의 측방을 방호하고, 병력절약에 기여하고, 적을 불리한 위치로 유인하고, 적의 주노력을 최종적으로 판단할 수 있도록 시간을 획득하는 것이다.

Commanders direct delays when their forces are insufficient to attack or conduct an area or mobile defense. A delay is also appropriate as a shaping operation to draw the enemy into an area for subsequent counterattack. Commanders specify the critical parameters of the delay:

- Its duration.
- Terrain to retain or deny.
- The nature of subsequent operations.

commander 지휘관, delay 지연전 attack 공격하다, area or mobile defense 지역방어 혹은 기동방어, shaping operation 여건조성작전, counterattack 역습, terrain 지형, subsequent operations 차후작전

부대가 공격하거나 지역방어 혹은 기동방어를 실시할 여력이 없을 때, 지휘관은 지연전을 지시한다. 지연전은 차후 역습지역으로 적을 유인하기 위한 여건조성작전의 일환으로도 적절하다. 지휘관은 지연기간, 확보 혹은 거부해야할 지형, 차후작전의 본질과 같은 지연전의 한계를 상세하게 알려주어야 한다.

Delays can involve units as large as a corps and may be part of a general withdrawal. Divisions may conduct delays as part of a corps defense or withdrawal. In a delay, units may fight from a single set of positions or delay using alternate or successive positions. A delay ends when-

- Enemy forces halt their attack. Friendly forces can then maintain contact, withdraw, or counterattack.
- Friendly forces transition to the defense.
- The delaying force completes its mission and passes through another force or breaks contact.
- The friendly force counterattacks and transitions to the offense.

delay 지연전, corps 군단, withdrawal 철수, divisions 사단, corps defense 군단방어, single set of position 단일진지, alternate or successive position 예비진지 혹은 축차진지, enemy force 적부대, attack 공격, friendly force 아군부대, contact 접촉, withdraw 철수하다., counterattack 역습, defense 방어, delaying force 지연부대, mission 임무, offense 공격

지연전은 군단 규모의 부대가 하며 일반적인 일반적인 철수의 한 부분이 될 수 있다. 사단은 군단의 방어 또는 철수작전의 일부로 지연전을 수행할 수 있다. 지연전에서 부대는 단일진지에서 전투를 수행하거나 예비 또는 축차진지를 사용하여 지연전을 수행할 수도 있다. 지연전은 다음과 같을 때 종료된다.

- 적 부대가 공격을 중단할 때, 아군 부대가 접촉을 유지하고 철수할 수 있을 있을 때 혹은 역습을 시행할 수 있을 때
- 아군 부대가 방어로 전환할 때
- 지연부대가 임무를 완수하고 타 부대를 초월하거나 접촉을 단절시킬 때
- 아군 부대가 역습을 시행하여 공격으로 전환할 때

4-10 축차진지 상에서의 지연(delay from successive positions)

가용부대가 부족하여 2개 이상의 지연진지(delaying position)를 동시에 점령할 수 없을 때 수 개의 지연진지를 축차적으로 점령하면서 지연전(delaying action)을 실시하는 방법이다. 이 방법은 통제가 용이하나 종심(depth)이 제한되고 차후진지를 점령할 시간이 부족하므로 교대진지 상에서의 지연전보다 적에게 돌파(penetration) 당하기 쉽다.

4-11 교대진지 상에서의 지연(delay from alternate positions)

부대가 2개의 지연진지를 동시에 점령한 후 상호 엄호(cover)하에 교대로 차후진지를 점령하면서 지연전을 실시하는 방법이다. 이 방법은 양호한 경계(security)와 지원(support)을 제공받을 수 있고 차후진지를 점령할 수 있는 시간을 확보할 수 있다. 그러나 후방초월(rearward passage of lines)이 빈번하게 발생함에 따라 초월부대(passing unit)와 피 초월부대(unit being passed through) 간의 긴밀한 협조 (close coordination)가 요구되고 많은 병력(troops)이 소요된다.

Delaying units should be at least as mobile as attackers. Commanders take measures to increase friendly mobility and decrease enemy mobility. Open, unobstructed terrain that provides friendly force mobility requires major engineering efforts to hinder enemy mobility. Close or broken terrain slows the enemy but also makes it more difficult to maintain contact and may hinder friendly movement delaying unit 지연부대, attacker 공자, take measure 대책을 강구하다, friendly mobility 아군의 기동성, enemy mobility 적의 기동성, terrain 지형, friendly force 아군부대, engineering effort 공병의 노력, maintain contact 접촉을 유지하다, friendly movement 아군의 이동

지연부대는 적어도 공자만큼 기동성이 있어야 한다. 지휘관은 아군의 기동성은 증대시키고 적의 기동성은 저하시키는 대책을 강구해야 한다. 적의 기동력을 저하시키고 아군에게 기동력을 제공해 줄 수 있는 개활하고 장애가 없는 지형을 구축하는 데는 공병의 많은 노력이 필요하다. 좁고 단절된 지형은 적의 기동성은 저하시키나 적과의 접촉유지는 더 어렵게 만들며 아군의 이동을 방해할 수도 있다.

철퇴

A retirement is a form of retrograde in which a force not in contact with the enemy moves away from the enemy. Typically, forces move away from the enemy by executing a tactical road march. Retiring units organize to fight but do so only in self-defense. Retirements are usually not as risky as delays and withdrawals.

retirement 철퇴, form of retrograde 후퇴작전, force not in contact with the enemy 적과 접촉하지 않은 부대, tactical road march 전술적 도보행군, retiring unit 철퇴부대, self-defense 자체방어, delay 지연전, withdrawal 철수

철퇴는 적과 접촉하지 않은 부대가 적으로부터 이탈하는 후퇴의 형태이다. 전형적으로 철퇴는 전술도보행군을 실시하여 적으로부터 이탈한다. 철퇴부대는 전투편성을 하지만 단지 자체방어를 위한 것이다. 철퇴는 통상 지연전과 철수만큼 위험하지는 않다.

후퇴의 위험

Retrogrades require firm control and risk management. They increase psychological stress among soldiers, who may see movement away from the enemy as a sign of defeat. Unless held in check, such concerns can lead to panic and a rout. Successful retrogrades require strong leadership, thorough planning, effective organization, and disciplined execution. Friendly troops move swiftly but deliberately. A disorganized retrograde in the presence of a strong enemy invites disaster. Commanders manage risk during retrogrades with these measures:

- Avoiding decisive engagement. Reserves and massed indirect and joint fires can assist in accomplishing this.
- Preparing plans to enhance rapid, controlled execution.
- Denying the enemy information on unit movement.
- Avoiding surprise with continuously updated intelligence.
- Combining deception and delaying actions to prevent the enemy from closing in strength.

retrograde 후퇴, firm control 강력한 통제, risk management 위기관리, psychological stress 심리적 긴장, soldier 병사들, sign of defeat 패배의 징후, panic 공황, rout 전투이탈; 도망(패주), thorough planning 철저한 계획, organization 편성, disciplined execution 엄정한 작전 실시, friendly troop 우군부대, disorganized retrograde 무질서한 후퇴, invites disaster 재앙을 초래하다, decisive engagement 결정적 교전, reserve 예비대, massed indirect and joint fire 간접 및 합동화력의 집중, information 첩보, unit movement 부대이동, surprise 기습, updated intelligence 최신화 된 정보, deception 기만, delaying action 지연전

후퇴는 강력한 통제와 위기관리를 필요로 한다. 후퇴는 적과 이탈하는 것을 패배의 징후로 인식하게 될 병사들 간에 심리적 스트레스를 가중시킨다. 미리 점검하지 않으면 그와 같은 우려는 공황과 전투이탈로 이어진다. 성공적인 후퇴는 강력한 지휘통솔, 철저한 계획, 효과적인 전투편성 및 엄정한 작전실시를 필요로 한다. 아군병력은 신속하지만 신중하게 이동해야 한다. 강한 적 앞에서 무질서한 후퇴는 재앙을 불러일으킨다. 지휘관은 후퇴 중에 이런 대책을 가지고 위험을 관리해야 한다.

- 결정적 교전 회피. 예비대와 집중된 간접화력과 합동화력은 이를 달성하는데 도움이 될 수 있다.
- 신속하고 통제된 실행 가능성을 높이기 위한 계획 준비
- 부대이동에 대한 적의 첩보 획득 거부
- 지속적으로 최신화된 정보로 기습을 회피
- 적이 강한 힘으로 근접하지 못하게 기만과 지연전을 통합

Chapter 5

안정화작전
(Stability Operations)

미국의 국익을 지키고 보호하기 위하여 우리의 국가 군
사목표는 평화와 안정을 증진하는 것이며, 필요시 적대
세력을 격퇴하는 것이다. 미군은 불확실한 미래에 대비
해 현재를 준비하는 동시에 국제적 환경 조성과 전 영
역 위기에 대응하기 위하여 지시된 대로 군사력을 적용
함으로써 국가안보를 증진 시킨다

― 1997년 국가 군사전략 중에서

Stability operations encompass various military missions, tasks, and activities conducted in coordination with other instruments of national power to maintain or reestablish a safe and secure environment, provide essential governmental services, emergency infrastructure reconstruction, and humanitarian relief. Stability operations can be conducted in support of a host nation or interim government or as part of an occupation when no government exists. Stability operations involve both coercive and constructive military actions. They help to establish a safe and secure environment and facilitate reconciliation among local or regional adversaries. Stability operations can also help establish political, legal, social, and economic institutions and support the transition to legitimate local governance. Stability operations must maintain the initiative by pursing objectives that resolve the causes of instability. Stability operations cannot succeed if they only react to enemy initiatives.

stability operations 안정화작전, mission 임무, task 과업, national power 국력, humanitarian relief 인도적 구호, host nation 주둔국, interim government 임시정부, military actions 군사행동, adversary 적대세력, initiative 주도권, instability 불안정

안정화작전은 안전하고 안정적인 환경을 유지하거나 회복하기 위해 여타 국력의 수단과 협조하여 수행되는 다양한 군사 임무, 과업, 활동 등을 말하며, 긴요한 공공서비스와 응급기반시설 재건 및 인도적 구제를 제공하는 것이다. 안정화작전은 주둔국 혹은 임시정부의 지원이나 정부가 존재하지 않을 시 점령 당사자의 원조로 수행될 수 있다. 안정화작전은 강제적이고 건설적인 군사행동을 포함하고 있다. 안정화작전은 안정적인 환경을 구축하고 지방 혹은 지역 적대세력 간에 화해를 촉진한다. 안정화작전은 또한 정치적, 법적, 사회적, 경제적 제도를 확립하고 합법적인 지방통치 이양을 지원한다. 안정화작전은 불안정 요인을 해소함으로써 반드시 주도권을 유지해야 한다.

1 주요 안정화 과업
Primary Stability Tasks

Army forces perform five primary stability tasks.
육군은 5대 주요 안정화 과업을 수행한다.

1 민간인 안전보장

Civil security involves protecting the populace from external and internal threats. Ideally, Army forces defeat external threats posed by enemy forces that can attack population centers. Simultaneously, they assist host-nation police and security elements as the host nation maintains internal security against terrorists, criminals, and small, hostile groups. In some situations, no adequate host-nation capability for civil security exists. Then, Army forces provide most civil security while developing host-nation capabilities. For the other stability tasks to be effective, civil security is required. As soon the host-nation security forces can safely perform this task, Army forces transition civil security responsibilities to them.

stability task 안정화 과업, **civil security** 민간인 안전보장, **external and internal threat** 외부 및 내부 위협, **transition** 이양하다

민간인 안전보장은 외부 및 내부의 위협으로부터 대중을 보호하는 것 등이다. 이상적으로 육군은 인구 밀집지역을 공격할 수 있는 적 부대에 의해 제기되는 외부위협을 격퇴해야 한다. 동시에 육군은 테러분자, 범죄자, 소규모의 적대그룹에 대항하여 주둔국이 내부의 치안을 유지할 때 주둔국 경찰 및 안보관련 부서를 지원한다. 어떤 상황에서는 민간인 안전보장을 위한 주둔국의 능력이 충분하지 못하다. 그런 경우 육군은 주둔국의 능력을 향상시키면서 대부분의 민간인 안전보장을 제공한다. 주둔국의 치안부대가 안전하게 이런 과업을 수행할 수 있으면 즉시 육군은 그들에게 민간인 안전보장 책임을 이양한다.

2 민간인 통제

Civil control regulates selected behavior and activities of individuals and groups. This control reduces risk to individuals or groups and promotes security. Civil control channels the populace's activities to allow provision of security and essential services while coexisting with a military force conducting operations. A curfew is an example of civil control.

civil control 민간인 통제, civil security 민간인 안전보장, external and internal threat 외부 및 내부 위협, host-nation 주둔국, transition 이양하다, operations 작전, curfew 야간 통행금지

민간인 통제는 개인과 단체의 행동과 활동을 선택적으로 규제한다. 이러한 통제는 개인 혹은 단체에 대한 위험을 감소시키고 안전을 증진시킨다. 민간인 통제는 작전을 수행하는 군부대와 함께 공존하면서 치안과 긴요한 공공서비스를 제공할 수 있도록 대중의 활동을 이끌어 간다. 야간 통행금지는 민간인 통제의 한 예이다.

3 긴요 공공서비스 복구

Army forces establish or restore the most basic services and protect them until a civil authority or the host nation can provide them. Normally, Army forces support civilian and host-nation agencies. When the host nation cannot perform its role, Army forces may provide the basics directly. Essential services include the following:

- Providing emergency medical care and rescue.
- Preventing epidemic disease.
- Providing food and water.
- Providing emergency shelter.
- Providing basic sanitation (sewage and garbage disposal).

civil authority 민간당국, rescue 구조, epidemic disease 전염병, emergency shelter 비상 대피소

육군은 민간당국 혹은 주둔국이 가장 중요한 기본적인 공공서비스를 제공할 수 있을 때까지 이를 설립하거나 회복하고 보호한다. 보통 육군은 민간인 혹은 주둔국의 기관들을 지원한다. 주둔국이 국가의 역할을 수행할 수 없을 때 육군은 생필품을 직접 제공할 수도 있다. 긴요 공공서비스는 다음과 같은 사항을 포함한다.

- 응급 의료지원 및 구조
- 전염병 예방
- 식량과 물 제공
- 비상대피소 제공
- 기초 위생제공 (오수 및 쓰레기 처리)

4 통치 지원

Stability operations establish conditions that enable actions by civilian and host-nation agencies to succeed. By establishing security and control, stability operations provide a foundation for transition authority to civilian agencies and eventually to the host nation. Once this transition is complete, commanders focus on transferring control to a legitimate civil authority according to the desired end state. Support to governance includes the following:

- Developing and supporting host-nation control of public activities, the rule of law, and civil administration.
- Maintaining security, control, and essential services through host-nation agencies. This includes training and equipping host-nation security forces and police.
- Supporting host-nation efforts to normalize the succession of power (elections and appointment of officials).

commander 지휘관, end state 최종상태, governance(정부)통치, succession of power 권력승계

안정화작전은 민간인 혹은 주둔국 기관들이 성공할 수 있는 상황을 조성한다. 치안과 통제를 확립함으로써 안정화작전은 민간기구로, 최종적으로 주둔국가로, 권한이양을 위한 기반을 제공한다. 일단 이양이 완료되면 지휘관은 바라는 최종상태에 따라 합법적인 민간인 당국에 통제권을 넘겨주는데 주력한다. 통치지원은 다음과 같은 사항을 포함한다.

- 주둔국의 공공활동통제, 법치, 민간행정통제의 발전 및 지원
- 주둔국 기관들을 통한 치안, 통제, 긴요한 공공서비스 유지. 이는 주둔국의 치안병력과 경찰을 훈련시키고 무장시키는 것을 포함한다.
- 권력승계(선거 및 관료 임명)를 정상화하기 위한 주둔국의 노력 지원

5 경제 및 기간시설 개발 지원

Support to economic and infrastructure development helps a host nation develop capability and capacity in these areas. It may involve direct and indirect military assistance to local, regional, and national entities.

infrastructure development 경제 및 기간시설 개발, military assistance 군사적 지원, capability 능력

경제 및 기반시설 개발 지원은 주둔국이 이 분야에서 능력과 역량을 개발하도록 돕는 것이다. 이는 지방, 지역, 국가에 대한 직·간접적인 군사지원을 포함한다.

안정화작전의 목적
Purposes of Stability Operations

Although Army forces focus on achieving the military end state, they ultimately need to create conditions where the other instruments of national power are preeminent. Stability operations focus on creating those conditions. The following paragraphs discuss the purposes of stability operations.

military end state 군사적 최종상태, **conditions** 상황, **instruments of national power** 국력의 수단

비록 육군은 군사적 최종상태 달성에 주력하지만 궁극적으로 또 다른 국력 수단이 매우 중요한 곳에서 여건을 조성해야 한다. 안정화작전은 그런 여건 조성에 주안을 둔다. 아래의 단락은 안정화작전의 목적을 논하고 있다.

1 안정적 환경 제공

A key stability task is providing a safe, secure environment. This involves isolating enemy fighters from the local populace and protecting the population. By providing security and helping host-nation authorities control civilians, Army forces begin the process of separating the enemy from the general population. Information engagement complements physical isolation by persuading the populace to support an acceptable, legitimate host-nation government. This isolates the enemy politically and economically.

isolate enemy 적을 고립시키다, **Information engagement** 정보전, **physical isolation** 물리적 고립

핵심적인 안정화작전 과업은 안전하고 안정적인 환경을 제공하는 것이다. 이는 지방 주민들로부터 적을 고립시키고 주민들을 보호하는 것 등이다. 치안을 제공하고 주둔국 당국의 민간인 통제를 도움으로써 육군은 일반 대중으로부터 적을 분리하는 과정에 착수한다. 정보전을 통해 수용 가능하고 합법적인 주둔국 정부를 지원하기 위해 대중들을 설득함으로써 물리적 고립을 보완한다.

2 육상지역 확보

Effective stability operations, together with host-nation capabilities, help secure land areas. Areas of population unrest often divert forces that may be urgently needed elsewhere. In contrast, stable areas may support bases and infrastructure for friendly forces, allowing commitment of forces elsewhere.

secure 확보하다, **unrest** 불안정, **divert forces** 병력을 전환하다, **base** 기지, **friendly forces** 우군

주둔국의 능력에 힘입어 효과적인 안정화작전은 육상지역을 확보하는 것을 돕는다. 인구거주지역의 불안정은 종종 다른 곳에서 긴급하게 필요한 병력을 전환하게 만든다. 대조적으로 안정된 지역에서는 아군을 위한 기지와 기반시설 지원이 가능할 수도 있고, 병력을 다른 곳에 투입할 수도 있다.

3 주민들의 긴요한 요구 충족

Often, stability operations are required to meet the critical needs of the populace. Army forces can provide essential services until the host-nation government or other agencies can do so.

안정화작전은 종종 주민들의 긴요한 요구 충족을 필요로 한다. 육군은 주둔국 정부 혹은 다른 기관들이 그렇게 할 수 있을 때까지 긴요한 공공서비스를 제공한다.

4 주둔국 정부 지원

Successful stability operations ultimately depend on the legitimacy of the host-nation government - its acceptance by the populace as the governing body. All stability operations are conducted with that aim.

성공적인 안정화작전은 궁극적으로 주둔국 정부의 정당성에 달려 있다 - 정부조직체에 대한 국민들에 인정. 모든 안정화작전은 그 목적으로 수행된다.

5 정부유관기관과 주둔국의 성공을 위한 환경조성

Stability operations shape the environment for interagency and host-nation success. They do this by providing the security and control necessary for host-nation and interagency elements to function, and supporting them in other key functions.

shape the environment 환경을 조성하다 **interagency** 정부유관기관, **element** 부대(서), **function** 기능(하다)

안정화작전은 정부유관기관과 주둔국이 성공할 수 있는 환경을 조성하는 것이다. 안정화작전은 주둔국과 정부유관기관 부서가 기능을 발휘하는데 필요한 치안과 통제를 제공하고 다른 중요한 기능에서 이들을 지원함으로써 안정적인 환경을 조성한다.

Chapter 6

작전보장활동
(Enabling Operations)

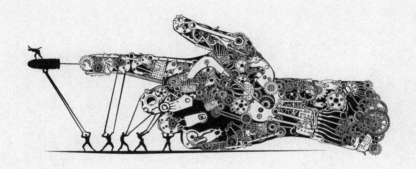

지휘관은 기동 또는 전투개시, 행군, 침투, 포위, 전면포위, 섬멸, 소모전에 대한 구상을 시작하기 전, 즉 전략을 실행에 옮기기 전에 1일 3,000칼로리의 급식을 제공할 수 있는 능력을 보유하고 있는 지를 반드시 확인해야 한다. 즉, 식량을 적시에 필요한 장소로 수송하기 위한 도로망은 가용한지, 수송 부족이나 과잉으로 도로상의 이동에 지장을 초래하지는 않는 지를 확인해야 한다.

— 마틴 밴 크리밸드의 '군수전쟁' 중에서

The side possessing better information and using that information more effectively to gain understanding has a major advantage over its opponent. Information superiority is the operational advantage derived from the ability to collect, process, and disseminate an uninterrupted flow of information while exploiting or denying an adversary's ability to do the same.

information 정보, opponent 상대방, information superiority 정보우위, operational advantage 작전적 이점, collect 수집하다, process 처리하다, disseminate 전파하다, exploit 이용하다, deny 거부하다

더 좋은 정보를 가지고 있는 편과 상황을 파악하기 위해 정보를 더욱 효과적으로 사용하는 편이 반대편에 비해 유리하다. 정보우위는 지속적인 첩보수집, 처리, 전파하는 능력으로부터 획득되는 작전적 이점으로, 한편으로 이 정부우위는 동일한 행위를 하는 적의 능력을 이용하거나 거부함으로써 얻을 수 있다.

6-1 첩보(information)와 정보(intelligence)
군사적인 의미에서 정보와 첩보를 구분하여 사용할 때 information은 첩보, intelligence는 정보로 사용되지만 information은 일반적이고 광범위한 의미에서 정보라는 의미로 사용된다.

The operational and tactical implications of information superiority are profound. Rapid seizure and retention of the initiative becomes the distinguishing characteristic of all operations. Information superiority allows commanders to make better decisions more quickly than their enemies and adversaries. In combat, a rapid tempo – sustained by information superiority –can outpace enemy's ability to make decisions contribute to his destruction. Information superiority allows commanders to control events and situations earlier and with less force, creating the conditions necessary to achieve the end state.

operational 작전적, tactical 전술적, seizure 장악, retention 유지, initiative 주도권, operations 작전, commander 지휘관, adversary 적대세력, combat 전투, outpace 능가하다, tempo 속도, end state 최종상태

정보우위의 작전적·전술적 의미는 심오하다. 신속한 주도권 장악과 유지는 모든 작전의 뚜렷한 특징이다. 정보우위는 지휘관이 적이나 상대방 더욱 신속하게 의사결정을 가능하게 한다. 전투에서 (정보우위로 유지 가능한) 신속한 작전속도는 적을 격멸하는데 기여하게 될 의사결정을 함에 있어서 적 능력을 능가하게 한다. 정보우위는 최종상태를 달성하는데 필요한 조건을 조성하고, 지휘관이 더 일찍 그리고 더 적은 병력으로 사태와 상황을 통제할 수 있게 한다.

걸프전에서의 정보우위

걸프전은 새로운 전쟁형태를 수행하면서 정보시스템, 정보작전, 정보관리 통합이 수행되었다.

공군은 이라크 및 이라크가 점령하고 있던 쿠웨이트 지역 전체에 걸쳐 대공방어망을 무력화시키고 작전 및 전술적 반응속도를 둔화시킴으로써 지휘통제시스템을 파괴하였다. 제 3군은 남부 국경선 일대 이라크군의 방어준비태세를 효과적으로 저지하였다. 강력한 공중폭격 하에 사우디아라비아와 프랑스군은 남쪽 국경선을 연하는 지역을 확보하였고, 동시에 미군은 서쪽으로 이동하였다. 제3군의 7군단과 18군단이 공격진지로 이동을 하였을 때 미중부사령부는 해상과 지상에서 기만작전을 실시하였고, 이 작전은 와디 알 바틴(Wadi al-Batin) 지역에서 제1기갑사단의 양공작전으로 이라크군을 작전한계점에 도달하게 만들었다.

지상군의 공격이 임박해지자 특수작전부대와 전술항공정찰부대의 전술적 정찰 및 감시활동을 통하여 쿠웨이트 서쪽으로 이라크군의 우측방의 약점이 노출되었다. 이라크의 관심을 동쪽으로 돌리기 위해 지속적인 해병대의 기만작전과 1기갑사단의 양공작전이 수행되었다. 제 3군은 이라크군의 실책을 이용하기 위해 와이 알 바틴(Wadi al-Batin)의 서쪽 공격진지로 이동하였다. 1991년 2월 24일 04:00시 연합군 지상부대들은 쿠웨이트와 이라크지역을 공격하여 4일후 세계 4위의 전투력을 보유한 이라크 공화국수비대를 완전히 격멸함으로써 지상작전을 종료하였다. 전쟁이 종료된 후 구 소련 일반참모대학의 작전 및 전략 연구소장 보그다노프(Bogdanov) 중장은 다음과 같이 말하였다. "이라크군은 전쟁이 시작되기도 전에 패배하였다. 이것은 일종의 정보전, 전자전, 지휘통제전, 대정보전로 이루어진 전쟁이었다. 이라크군은 눈먼 장님이자 귀머거리였다..."

1 정보우위의 요체

Commanders direct three interdependent contributors to achieve information superiority:(See Figure 11-1)
- Intelligence, surveillance, and reconnaissance (ISR).
- Information management (IM).
- IO (to include related activities)

interdependent 상호의존적인, intelligence 정보, surveillance 감시, reconnaissance 정찰, information management(IM) 정보관리, IO(information operations) 정보작전

지휘관은 정보우위를 달성하기 위해 세 개의 상호의존적인 요소를 감독해야 한다. (그림 6-1 참조)
- 정보, 감시 및 정찰
- 정보관리
- 관련활동을 포함한 정보작전

2 정보, 감시 및 정찰

ISR integration is fundamental to information superiority. Thoroughly integrated ISR operations add many collection sources. ISR integration eliminates unit and functional stovepipes for planning, reporting, and processing information and producing intelligence. It provides a common mechanism for all units to conduct ISR operations in a coordinated, synergistic way.

integration 통합, fundamental 근원의, collection source 수집출처, process information 첩보를 처리하다, producing intelligence 정보생산

정보·감시·정찰의 통합은 정보우위의 근원이다. 철저하게 통합된 정보·감시·정찰작전은 (첩보)수집원천을 늘려준다. 정보·감시·정찰의 통합은 (운용해야 정보관련 불필요한) 부대를 없애고, 첩보를 계획하고 보고하는 관련조직도 필요 없게 만든다. 정보·감시·정찰의 통합은 모든 부대들이 협조되고 상승작용을 일으키도록 정보·감시·정찰작전을 수행하기 위한 공통 수단을 제공한다.

| 그림 6-1 | 정보우위

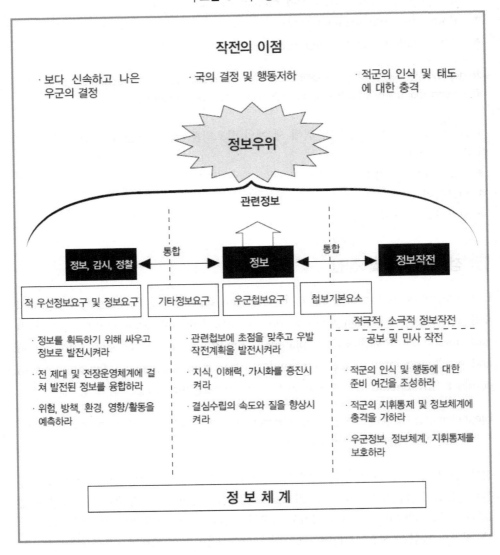

ISR operations allow units to produce intelligence on the enemy and environment (to include weather, terrain, and civil considerations) necessary to make decisions. Timely and accurate intelligence encourages audacity and can facilitate actions that may negate enemy superiority in soldiers and materiel. Normally, timely and accurate intelligence depends on aggressive and continuous reconnaissance and surveillance.

enemy 적, environment 환경, weather 기상, terrain 지형, civil consideration 민간고려요소, timely 적시적인, accurate 정확한, audacity 대담성, soldier 병력, materiel 군수물자, aggressive 공세적인, reconnaissance 정찰, surveillance 감시

정보·감시·정찰 작전은 부대로 하여금 의사결정에 필요한 적과 환경(기상, 지형, 민간 고려요소 포함)에 대한 정보생산을 가능하게 한다. 적시적이며 정확한 정보는 대담성 을 불러일으키고 병력과 군수물자 면에서 적의 우위를 무너뜨릴 수 있는 행동을 용이 하게 한다. 대개 적시적이고 정확한 정보는 공세적이고 지속적인 정찰과 감시에 달려 있다.

정보

Intelligence provides critical support to all operations, including IO. It supports planning, decision making, target development, targeting, and protecting the force. It is a continuous process for any operation. Surveillance and reconnaissance are the primary means of collecting information used to produce intelligence. A thorough understanding of joint ISR capabilities allows commanders to prepare complementary collection plans. Surveillance and reconnaissance assets focus primarily on collecting information about the enemy and the environment to satisfy the priority intelligence requirements (PIR). In the end, the art of intelligence and its focus on supporting the commander are more important than any information system. This art includes an understanding of intelligence, analysis, the enemy, operations, and the commander's needs.

IO(information operations) 정보작전, planning 계획, decision making 결심수립, target development 표적계획, targeting 타격, protecting the force 부대방호, surveillance 감시, reconnaissance 정찰, means of collecting information 첩보수집수단, joint 합동의, prepare complementary collection plan 첩보수집계획을 보완하다, asset 자산, priority intelligence requirements(PIR) 우선정보요구, information system 정보체계

정보는 정보작전을 포함한 모든 작전에 중요한 지원을 제공한다. 정보는 계획, 결심수립, 표적계획, 타격, 부대방호를 지원한다. 정보(활동)는 모든 작전에 있어서 지속적인 과정이다. 감시와 정찰은 정보를 생산하기 위해 사용되는 주요한 첩보수집 수단이다. 합동 정보 감시 및 정찰능력에 대한 철저한 이해를 통해 지휘관은 첩보수집계획을 보완할 수 있다. 감시 및 정찰 자산은 우선정보요구를 충족시키기 위해 주로 적과 환경에 대한 첩보를 수집하는데 중점을 둔다. 결국 정보를 다루는 기법과 지휘관을 지원하는 정보활동 중점은 다른 어떤 정보체계보다 중요한 것이다. 이러한 기법은 정보, 분석, 적, 작전, 지휘관 요구에 대한 이해를 포함한다.

6-2 정보(intelligence)

외국이나 작전지역의 하나 혹은 그 이상의 부분에 관한 가용한 모든 첩보 (information)의 수집(collection), 처리(processing), 통합(integration), 분석 (analysis), 평가(evaluation), 해석(interpretation)한 결과로 획득된 자료이다.

IPB is the first step toward placing an operation in context. It drives the process that commanders and staff use to focus information assets and to integrate surveillance and reconnaissance operations across the AO. IPB provides commanders with information about the enemy and environment, and how these factors affect the operation. In most cases, IPB allows commanders to fill gaps in information about the enemy with informed assessments and predictions. IPB is also the starting point for situational development, which intelligence personnel use to develop the enemy and environment portions of the common operational picture (COP). As such, IPB is important to the commander's visualization. The commander drives IPB, and the entire staff assists the intelligence staff with continuous updates. All staff officers develop, validate, and maintain IPB components relating to their areas of expertise. For example, the engineer contributes and maintains current mobility and countermobility situation overlays.

IPB(intelligence preparation of the battlefield) 전장정보분석, **commander and staff** 지휘관 및 참모, **information asset** 정보자산, **surveillance and reconnaissance operations** 감시 및 정찰작전, **AO(area of operations)** 작전지역, **gap** 괴리(차이), **assessment** 평가, **prediction** 예측, **common operational picture(COP)** 공통작전상황도, **drive** 주도하다, **continuous update** 지속적인 최신화, **area of expertise** 전문영역, **mobility and countermobility situation overlay** 기동 및 대기동 상황도

전장정보분석은 작전을 정황에 부합시키는 첫 단계이다. 전장정보분석을 통하여 지휘관과 참모는 작전지역전반에 걸쳐 정보자산을 집중하고 감시 및 정찰 작전을 통합해야 한다. 전장정보분석으로 지휘관에게 적과 환경에 관한 첩보와 이러한 요소들이 작전에 어떻게 영향을 주는지에 대한 첩보를 제공한다. 대개의 경우 지휘관은 전장정보분석을 통해 정보에 근거한 평가와 예측으로 적에 대한 첩보의 허점을 보완할 수 있다. 전장정보분석은 또한 상황전개를 위한 출발점이며, 정보담당자는 공통작전상황도에 적과 환경에 관한 부분을 발전시킬 때 이를 사용한다. 그런 면에서 전장정보분석은 지휘관의 가시화에 중요하다. 지휘관이 전장정보분석을 주도하고, 모든 참모들은 지속적인 최신화를 통해 정보참모를 지원한다. 모든 참모장교들은 자신의 전문영역과 관련된 전장정보분석의 요소들을 발전시키고 유효화하며 유지해야 한다. 예를 들어 공병은 현재의 기동 및 대기동 상황도를 발전시키는데 기여하고 유지해야 한다.

6-3 전장정보분석(IPB)

어떤 특정지역에 대하여 기상(weather), 지형(terrain) 및 민간고려요소(civil considerations)와 같이 적(enemy)과 환경(environment)에 대하여 체계적으로 분석하는 기법이다. 전장정보분석은 기상, 지형 및 민간고려요소가 임무 및 특정환경과의 관련성이 있을 때 이런 요소들을 적의 교리와 통합한다. 전장정보분석은 적의 능력(enemy capabilities)과 취약성(vulnerabilities) 및 가능성 있는 방책(probable courses of action)을 결정하는 것이다.

감시

Surveillance involves continuously observing an area to collect information. Wide-area and focused surveillance provide valuable information.

surveillance 감시, **observing an area** 어떤 지역을 관찰하다, **collect information** 첩보를 수집하다, **wide-area and focused surveillance** 광역감시 및 집중감시

감시는 첩보를 수집하기 위하여 어떤 지역에 지속적으로 관측하는 것이다. 광역감시와 집중감시를 통해 가치 있는 첩보가 제공된다.

6-4 감시(surveillance)

시각(visual), 청각(aural), 전자(electronic), 사진(photographic) 및 기타 다른 수단(other means)에 의해 공중(aerospace), 수상(surface), 수중해역(subsurface area), 지상(places), 인원(persons) 또는 물체(things)에 대한 체계적인 관측활동이다.

Army forces at all echelons receive intelligence based on information from national, joint, Army, and commercial surveillance systems. National and theater surveillance systems focus on information requirements for combatant commanders and provide information to all services for theater-wide operations. Continuous theater surveillance helps analysts determine the location and approximate dispositions of enemy land forces. When available, near real-time surveillance platforms—such as the joint surveillance, target attack radar system (JSTARS)— provide moving target indicators. Additionally, long-range surveillance units can provide extremely accurate and valuable information.

Army force 지상부대, echelon 제대, commercial surveillance system 상업용 감시체계, theater 전구, combatant commander 통합군사령관, theater-wide operations 전구규모작전, location 위치, disposition 배치, land force 지상군, real-time surveillance platform 실시간 감시자산, moving target indicator 이동표적징후, long-range surveillance unit 장거리 감시부대

모든 제대의 지상부대는 국가, 합동, 육군 및 상업용 감시체계로부터 획득된 첩보를 기초로 산출된 정보를 제공받는다. 국가 및 전구감시체계는 통합군사령관의 첩보요구에 집중 운용되고 전구 규모의 작전을 위해 각 군에 첩보를 제공한다. 지속적인 전구감시는 분석가들이 적군 지상부대의 위치와 예상 배치를 판단하는데 도움을 준다. 가용할 경우 합동감시목표타격레이더체계(JSTAR)와 같은 실시간 감시 자산은 이동표적징후를 제공한다. 추가적으로 장거리 감시부대는 매우 정확하고 가치 있는 첩보를 제공할 수 있다.

정찰

Reconnaissance collects information and can validate current intelligence or predictions. Reconnaissance units, unlike other units, are designed to collect information.

reconnaissance 정찰, validate 유효화하다, current intelligence 현행정보, reconnaissance units 정찰부대, collect information 첩보를 수집하다

정찰을 통해 첩보를 수집하고 현행 정보나 예측을 유효화할 수 있다. 다른 부대와는 달리 정찰 부대는 첩보를 수집하기 위해 구성된다.

Information collected by means other than reconnaissance has great operational and tactical value. However, those assets may not be able to meet some requirements or collect information with adequate accuracy and level of detail. Operational priorities within the theater may limit ground commanders' ability to task theater surveillance systems. Therefore, Army commanders complement surveillance with aggressive and continuous reconnaissance. Surveillance, in turn, increases the efficiency of and reduces the risk to reconnaissance elements by focusing their operations.

operational and tactical value 작전적·전술적 가치, asset 자산, meet 충족시키다, accuracy 정확, detail 세부, operational priorities 작전의 우선순위, theater 전구, ground commander 지상군 지휘관, complement 보완하다, in turn 반대로, reconnaissance element 정찰부대

정찰 이외의 다른 수단에 의해 수집된 첩보는 작전적·전술적으로 중요한 가치를 지닌다. 그러나 그러한 자산은 어떤 요구조건들을 만족시키지 못할 수도 있으며 정확하고 구체적인 첩보를 수집하지 못할 수도 있다. 전구 내에서 작전의 우선순위로 인해 지상군 지휘관은 전구감시체계운영에 제한을 받을 수 있다. 그러므로 지상군 지휘관은 공세적이고 지속적인 정찰을 통해 감시를 보완한다. 역으로 감시는 정찰부대의 작전에 집중함으로써 효율성을 증가시키고 그 위험성을 감소시킨다.

Continuous and aggressive reconnaissance does more than collect information. It may also produce effects or prompt enemy actions. The enemy may take forces needed elsewhere to counter friendly reconnaissance efforts. Hostile forces sometimes mistake reconnaissance units for the decisive operation and prematurely expose their dispositions or commit their reserves. Friendly commanders may exploit opportunities revealed by friendly reconnaissance, often using the reconnaissance force as the spearhead. Information from reconnaissance missions allows commanders to refine or change plans and orders, preclude surprises, and save the lives of soldiers.

collect information 첩보를 수집하다, produce effect 영향을 주다, prompt 자극하다, counter 대항하다, hostile force 적 부대, mistake reconnaissance unit for the decisive operation 정찰부대를 결정적 작전부대로 오인하다, expose 노출시키다, disposition 배치, commit 투입하다, reserve 예비대, friendly commanders 아군지휘관, exploit opportunity 기회를 이용하다, spearhead 선두부대, reconnaissance mission 정찰임무, plans and order 계획 및 명령, surprise 기습, save the live of soldier 병력의 생명을 구하다

지속적이고 공세적인 정찰은 첩보를 수집하는데 그치지 않는다. 지속적이며 공세적인 정찰은 적 행동에 영향을 주고 행동을 자극할 수도 있다. 적은 아군의 정찰노력에 대항하기 위해 다른 장소에서 운용되어야 할 병력을 사용할 수도 있다. 적군부대는 때때로 정찰 부대를 결정적 작전부대로 오인하여 미리 부대 배치를 노출시키거나 예비대를 투입한다. 아군 지휘관은 종종 정찰 부대를 선두부대로 사용하면서 아군의 정찰에 의해 노출된 기회를 이용할 수도 있다. 정찰 임무로부터 획득된 첩보는 지휘관이 계획이나 명령을 구체화하거나 보완하며 기습을 방지하고 병력의 생명을 구할 수 있게 한다.

Reconnaissance elements may have to fight for information. However, the purpose of reconnaissance is to gain information through stealth, not initiate combat. Reconnaissance operations that draw significant combat power into unplanned actions not in line with the commander's intent may jeopardize mission accomplishment.

reconnaissance element 정찰부대, stealth 은밀한 행동, initiate combat 전투를 개시하다, combat power 전투력, in line with ~와 부합되는, commander's intent 지휘관의 의도, mission accomplishment 임무달성

정찰부대는 첩보수집을 위해 싸워야만 할 경우도 있다. 그러나 정찰의 목적은 전투를 먼저 하지 않고 은밀하게 첩보를 획득하는 것이다. 지휘관의 의도와 다른 계획되지 않는 활동에 중대한 전투력을 끌어들이는 정찰작전은 임무달성을 위태롭게 만들 수도 있다.

3 정보관리

Information management is the provision of relevant information to the right person at the right time in a usable form to facilitate situational understanding and decision making. It uses procedures and information systems to collect, process, store, display, and disseminate information. IM is far more than technical control of data flowing across networks. It communicates decisions that initiate effective actions to accomplish missions and fuses information from many sources.

information management 정보관리, situational understanding 상황파악, decision making 의사결정, information system 정보체계, collect 수집하다, process 처리하다, store 저장하다, display 제시하다, disseminate 전파하다, accomplish mission 임무를 달성하다, fuse 융합하다

정보관리는 상황파악과 의사결정을 용이하게 하기 위해 사용 가능한 형태로 적절한 시기에 적절한 사람에게 적절한 첩보를 제공하는 것이다. 정보관리는 첩보를 수집, 처리, 저장, 제시, 전파하기 위해 절차와 정보체계를 이용한다. 정보관리는 네트워크 전반에 걸쳐 자료의 흐름을 기술적으로 통제하는 것 이상이다. 정보관리는 임무를 달성하기 위하여 효과적인 행동을 일으키는 결심사항을 전달하고 다양한 출처의 첩보를 융합한다.

정보체계

Information systems are the equipment and facilities that collect, process, store, display and disseminate information. These include computers – hardware and software – and communications, as well as policies and procedures for their use. Information systems are integral components of C2 systems. Effective information systems automatically process, disseminate, and display information according to user requirements. IM centers on commanders and the information relevant to C2. Commanders make the best use of information systems when they determine their information requirements and focus their staffs and organizations on meeting them.

equipment 장비, facility 시설, policy 정책, procedure 절차, integral component 필수적인 구성요소, C2 system 지휘통제체계, center on ~에 초점을 맞추다, make the best use of ~을 최대한 이용하다, information requirement 정보요구, meet 충족시키다

정보체계는 첩보를 수집, 처리, 저장, 제시, 전파하는 장비 및 시설이다. 정보체계는 컴퓨터와 통신의 사용을 위한 방침과 절차 뿐 아니라 컴퓨터(하드웨어 및 소프트웨어), 통신체계 자체도 포함한다. 정보체계는 지휘통제체계의 필수적인 구성요소이다. 효과적인 정보체계는 사용자의 요구에 따라 자동적으로 첩보를 처리, 전파, 제시한다. 정보관리는 지휘관 및 지휘통제에 관련된 첩보에 초점이 맞추어 진다. 지휘관은 먼저 자신의 정보요구를 결정할 때 정보체계를 최대한 이용하고, 이러한 정보요구를 충족시키는데 참모와 조직을 집중 운용한다.

지휘관중요첩보요구

Commanders channel information processing by clearly expressing which information is most important. They designate critical information that derives from their intent—the commander's critical information requirements (CCIR). The commander's critical information requirements are elements of information required by commanders that directly affect decision making and dictate the successful execution of military operations. The key to effective IM is answering the CCIR.

channel 방향을 돌리다(제시하다), **intent** 의도, **commander's critical information requirements(CCIR)** 지휘관중요첩보요구, **execution of military operations** 군사작전 실행, **IM(information management)** 정보관리

지휘관은 어느 첩보가 가장 중요한가를 명확히 표현함으로써 첩보처리에 방향을 제시한다. 지휘관은 자신의 의도로부터 도출된 중요첩보를 지정하는데 이것이 바로 지휘관중요첩보요구이다. 지휘관중요첩보요구는 지휘관에 의해 요구되는 것으로 의사결정에 직접적으로 영향을 미치고 성공적인 군사작전 실행을 좌지우지하는 첩보의 요소들이다. 효과적인 정보관리의 핵심은 지휘관중요첩보에 응하는 것이다.

When commanders receive a mission, they and their staffs analyze it using the military decision making process. As part of this process, commanders visualize the battlefield and the fight. CCIR are those key elements of information commanders require to support decisions they anticipate. Information collected to answer the CCIR either confirms the commander's vision of the fight or indicates the need to issue a fragmentary order or execute a branch or sequel. CCIR directly support the commander's vision of the battle. Once articulated, CCIR normally generate two types of supporting information requirements: friendly force information requirements (FFIR) and PIR.

mission 임무, **staff** 참모, **military decision making process(MDMP)** 군사결심수립절차, **battlefield** 전장, **fragmentary order(FRAGO)** 단편명령, **branch** 우발계획, **sequel** 후속작전, **articulate** 명료하게 표현하다, **friendly force information requirement(FFIR)** 우군첩보요구, **PIR(primary information requirement)** 우선정보요구

지휘관이 임무를 부여받을 때 지휘관과 참모는 군사결심수립절차을 사용하여 임무를 분석한다. 이러한 과정의 일부로 지휘관은 전장 및 전투를 가시화 한다. 지휘관중요첩보요구는 지휘관이 원하는 결정을 지원하기 위하여 지휘관이 요구하는 핵심 첩보요소이다. 지휘관중요첩보요구에 응하기 위해 수집된 첩보는 전투에 대한 지휘관의 비전을 확인시켜주거나 단편명령 하달 혹은 우발계획이나 후속작전을 시행하기 위한 필요성을 암시해준다. 지휘관중요첩보요구는 전투에 대한 지휘관의 비전을 직접적으로 지원한다. 일단 지휘관중요첩보요구가 상세하게 진술되면 일반적으로 두 가지 형태의 지원 첩보요구인 우군첩보요구와 우선정보요구가 생성된다.

지휘관이 부여된 임무수행(mission accomplishment)을 위해 가장 시급하고 우선적으로 요구되는 정보로서 계획수립(planning)과 결심수립(decision making)에 지배적인 요소가 되는 적 능력(enemy capabilities) 및 전장환경(environment of the battlefield)과 관련되는 정보사항이다. 우군첩보요구(FFIR)란 지휘관이 자신의 부대를 판단하는 자료로서 지휘관이 결심을 수립하기 위해 자신의 부대에 관해 반드시 알아야만 하는 첩보이다.

우군첩보기본요소

Although essential elements of friendly information (EEFI) are not part of the CCIR, they become a commander's priorities when he states them. EEFI help commanders understand what enemy commanders want to know about friendly forces and why. They tell commanders what cannot be compromised. For example, a commander may determine that if the enemy discovers the movement of the reserve, the operation is at risk. In this case, the location and movement of the reserve become EEFI. EEFI provide a basis for indirectly assessing the quality of the enemy's situational understanding: if the enemy does not know an element of EEFI, it degrades his situational understanding.

essential element of friendly information(EEFI) 우군첩보기본요소, **enemy commander** 적 지휘관, **friendly force** 아군부대, **reserve** 예비대, **operation is at risk** 작전이 위험에 처하다, **location** 위치, **situational understanding** 상황파악, **degrade** 감소시키다

비록 우군첩보기본요소가 지휘관중요첩보요구의 일부는 아니지만 지휘관이 이를 중요하다고 명시할 때 지휘관의 우선정보가 된다. 우군첩보기본요소는 적 지휘관이 우군에 대하여 알고 싶어 하는 것과 그 이유를 아군 지휘관이 이해하는데 도움을 준다. 우군첩보기본요소는 지휘관으로 하여금 양보해서는 안 되는 것이 무엇인지를 알려준다. 예를 들어 어떤 지휘관은 적군이 아군 예비대의 이동을 알게 되면 작전이 위험에 처하게 된다고 단정할 수 있다. 이런 경우 아군 예비대의 위치와 이동은 우군첩보기본요소가 된다. 우군첩보기본요소는 적의 상황파악 정도를 간접적으로 평가하는데 기준을 제공한다. 즉 만약 적이 우군첩보기본요소를 잘 알지 못한다면 그것은 적 상황파악 정도를 감소시킨다.

IM is a command responsibility plans establish responsibilities and provide instructions or managing information. The IM plan is the commander's "concept of operations" for handling information. Effective IM plans cover the entire scope of operations. Designated staff elements refine the IM plan and provide overall management of information.

command responsibility 지휘책임, instructions 지침, concept of operations 작전개념, scope of operations 작전범위, designated staff element 해당참모부서

정보관리는 일종의 지휘책임이다. 정보관리 계획은 책임한계를 설정하고 정보관리에 대한 지침을 제공한다. 정보관리계획은 첩보를 다루는데 있어 지휘관의 작전개념이다. 효과적인 정보관리계획은 작전의 전(全) 범위를 다룬다. 해당 참모부서는 정보관리계획을 구체화하고 전반적인 정보관리 책임을 진다.

6-8 우군첩보기본요소(EEFI)

적에게 알려진다면 아군 작전을 실패로 돌아가게(lead to failure) 하거나 작전의 성공을 제한하기(limit success of the operation) 때문에 반드시 적의 탐지(enemy detection)로부터 보호되어야하는 중요한 아군작전에 관한 사항이다.

---

4 정보작전

IO are primarily shaping operations that create and preserve opportunities for decisive operations. IO are both offensive and defensive. Related activities—public affairs and civil-military operations (CMO)—support IO.

IO 정보작전, shaping operations 여건조성작전, decisive operations 결정적작전, offensive 적극적인, defensive 소극적인, public affair 공보업무, civil-military operations(CMO) 민사작전

정보작전은 근본적으로 결정적작전을 위한 기회를 창출하고 유지하는 여건조성작전이다. 정보작전에는 적극적 정보작전과 소극적 정보작전이 있다. 공보업무와 민사작전 같은 관련 활동은 정보작전을 지원한다.

6-9 정보작전(IO)

자신의 정보와 정보체계(information system)는 보호하는 한편 적의 정보체계 및 C4I 체계를 마비시켜 상대적으로 유리한 정보상황을 조성함으로써 전장의 주도권 (initiative of the battlefield)을 장악하는 일련의 군사작전(military operations)이다.

6-10 민사작전(CMO)

군부대가 주둔 및 작전을 수행하고 있는 지역에서 군부대와 정부행정기관 및 주민 간의 상호관계를 다루는 제반 활동으로서 민사작전 형태는 군사작전지원 민사작전 과 정부행정지원 민사작전으로 구분되며, 민사기능은 행정, 치안, 구호, 자원관리, 선무 등이 포함된다.

The value of IO is not in their effect on how well an enemy transmits data. Their real value is measured only by their effect on the enemy's ability to execute military actions. Commanders use IO to attack enemy decision making processes, information, and information systems. Effective IO allow commanders to mass effects at decisive points more quickly than the enemy. IO are used to deny, destroy, degrade, disrupt, deceive, exploit, and influence the enemy's ability to exercise C2. To create this effect, friendly forces attempt to influence the enemy's perception of the situation.

enemy's ability 적 능력, **military action** 군사행동, **enemy decision making process** 적 결심수립 과정, **mass effect** 효과를 집중하다, **decisive point** 결정적 지점, **deny** 거부하다, **destroy** 파괴하다, **degrade** 저해하다, **disrupt** 와해하다, **deceive** 기만하다, **exploit** 이용하다, **C2(command and comtrol)** 지휘통제, **perception of the situation** 상황인식

정보작전의 가치는 적이 자료를 얼마나 잘 송신하는가에 대한 효과에 있는 것이 아니 다. 정보작전의 진정한 가치는 군사행동을 실행하는 적의 능력에 대한 효과로 가늠된 다. 지휘관은 적의 결심수립과정과 정보 및 정보체계를 공격하기 위해 정보작전을 이 용해야 한다. 효과적인 정보작전은 지휘관이 적보다 빨리 결정적인 지점에 효과를 집 중할 수 있게 한다. 정보작전은 적의 지휘통제 발휘능력을 거부하고 격멸하며 저해하 고 와해시키며 기만하고 이용하며 영향을 주기 위해 사용된다. 이런 효과를 거두기 위 해서 우군부대는 적 상황인식에 영향을 미치도록 시도해야 한다.

Successful IO require a thorough and detailed IPB. IPB includes information about enemy capabilities, decision making style, and information systems. It also considers the effect of the media and the attitudes, culture, economy, demographics, politics, and personalities of people in the AO. Successful IO influences the perceptions, decisions, and will of enemies, adversaries, and others in the AO. Its primary goals are to produce a disparity in enemy commanders' minds between reality and their perception of reality and to disrupt their ability to exercise C2.

IPB(information preparation of the battlefield) 전장정보분석, enemy capabilities 적 능력, decision making style 결심수립 유형, information system 정보체계, AO(area of operations) 작전지역, IO(information operations) 정보작전, will of enemy 적 의지, primary goal 주 목적, disparity 불균형, disrupt 와해하다, exercise 발휘하다(행사하다)

성공적인 정보작전을 위해 철저하고 구체적인 전장정보분석이 요구된다. 전장정보분석은 적 능력, 결심수립유형 및 정보체계에 대한 첩보를 포함한다. 또한 전장정보분석 시 언론의 영향과 작전지역 내의 주민들의 태도, 문화, 경제, 인구분포, 정치, 성향 등이 고려된다. 성공적인 정보작전은 작전지역내의 적과 적대세력 및 기타 세력들의 인식과 결심 및 의지에 영향을 준다. 정보작전의 궁극적 목적은 실제상황과 적 지휘관의 이에 대한 인식간의 불균형을 창출하고 적 지휘관의 지휘통제 발휘능력을 와해시키는 것이다.

적극적 정보작전

The desired effects of offensive IO are to destroy, degrade, disrupt, deny, deceive, exploit, and influence enemy functions. Concurrently, Army forces employ elements of offensive IO to affect the perceptions of adversaries and others within the AO. Using the elements of IO offensively, Army forces can either prevent the enemy from exercising effective C2 or leverage it to their advantage. Ultimately, IO targets are the human leaders and human decision making processes of adversaries, enemies, and others in the AO.

offensive IO 적극적 정보작전, destroy 파괴하다, degrade 저하시키다, disrupt 와해하다, deny 거부하다, deceive 기만하다, exploit ; 이용하다, Army force 지상군, perception of adversary 적대세력의 인식, decision making process 결심수립과정

적극적 정보작전의 바람직한 효과는 적의 기능을 격멸하고, 저하시키며, 와해하고, 거부하며, 기만하고, 이용하며, 영향을 미치는 것이다. 동시에 지상군은 작전지역 내에 있는 적대세력 및 기타 세력의 인식에 영향을 미치기 위해 정보작전 요소를 운용한다. 정보작전의 요소를 적극적으로 운용함으로써 지상군은 적이 효과적인 지휘통제를 하지 못하게 하거나 정보작전의 이점을 지휘통제에 활용하지 못하도록 한다. 궁극적으로 정보작전의 대상은 적 지휘관과 작전지역 내의 적대세력, 적, 기타 세력의 결심수립과정이다.

소극적 정보작전

Defensive IO protect friendly access to relevant information while denying adversaries and enemies the opportunity to affect friendly information and information systems. Defensive IO limit the vulnerability of C2 systems.

defensive IO 소극적 정보작전, friendly information and information system 아군정보 및 정보체계, vulnerability of C2 system 지휘통제체계의 취약점

소극적 정보작전은 적대세력과 적이 우군의 정보와 정보체계에 영향을 주지 못하게 하며넛 관련첩보에 대해 우군의 접근을 막는 것이다. 수세적 정보작전은 지휘통제체계의 취약점을 제한한다.

Combat service support (CSS), like all other battlefield operating systems, is commanders' business. Commanders view operations and CSS as interdependent. CSS is an enabling operation that generates and sustains combat power for employment in shaping and decisive operations at the time and place the force commander requires. Commanders lay the groundwork to seize the initiative, maintain momentum, and exploit success by combining and balancing mission and CSS requirements.

combat service support(CSS) 전투근무지원, battlefield operating systems(BOS) 전장운영체계, operations 작전, enabling operation 작전보장활동, combat power 전투력, shaping and decisive operations 여건조성작전과 결정적작전, commander 지휘관, seize the initiative 주도권을 장악하다, momentum 공격기세, mission 임무

다른 전장운영체계와 마찬가지로 전투근무지원은 지휘관의 책무이다. 지휘관은 작전과 전투근무지원을 상호의존적인 것으로 본다. 전투근무지원은 전투부대 지휘관이 요구하는 시간과 장소에 여건조성작전과 결정적작전을 수행하기 위한 전투력을 창출하고 유지하는 작전보장활동이다. 지휘관은 임무와 전투근무지원 소요를 통합하고 균형을 유지함으로써 주도권을 장악하고, 공격기세를 유지하며, 전과를 확대하기 위한 기반을 조성해야 한다.

The force commander is responsible for integrating CSS into the overall operation. The CSS commander, as the force commander's primary CSS operator, assists in this. Operators and CSS planners view complex military problems from different perspectives. Without integration, the overall operation and CSS proceed along separate paths that may not support each other. With integration, the operational and CSS perspectives both contribute to the common operational picture (COP) that supports continuous assessment, planning, preparation, and execution.

force commander 전투부대지휘관, overall operation 전반적인 작전, integration 통합, common operational picture(COP) 공통작전상황도, assessment 평가, planning 계획, preparation 준비, execution 실시

전투부대 지휘관은 전반적인 작전에 전투근무지원을 통합할 책임이 있다. 전투근무지원 지휘관은 전투부대 지휘관의 주요 전투근무지원 운용자로서 이러한 점을 지원한다. 운용자와 전투근무지원 계획 담당자는 서로 다른 관점에서 복잡한 군사 문제를 바라본다. 전체적인 작전과 전투근무지원의 통합 없이는 서로를 지원해줄 수 없는 엇갈린 방향으로 나아가게 된다. 작전과 전투근무지원의 통합을 통하여 공통작전상황도에 지속적인 평가, 계획, 준비 및 실시 과정이 반영되도록 해야 한다.

6-11 공통작전상황도(COP)
하나 이상의 부대에 의해 공유되는 종합자료(common data)와 정보(information)에 기초하여 사용자의 요구(user's requirement)에 부합되게 짜 맞추어진(tailored) 작전상황도(operational picture)를 말한다.

1 전투근무지원의 목적

CSS is a major component of sustaining operations. The art of CSS involves projecting a strategically responsive force that generates decisive combat power. Successful application of the art of CSS requires proper synchronization between operational and tactical commanders and their CSS commands. Effective synchronization of operational and tactical requirements enables force commanders to initiate and sustain operations and extend their operational reach.(See Figure 12-1)

sustaining operations 전투력지속작전, responsive force 대응부대, decisive combat power 결정적 전투작전, synchronization 동시통합, operational and tactical commander 작전술 및 전술제대 지휘관, initiate and sustain operations 작전을 개시하고 유지하다, operational reach 작전거리

전투근무지원은 전투력지속작전의 주요한 구성요소이다. 전투근무지원운용술(術)은 결정적인 전투력을 창출할 수 있도록 전략적으로 대응하는 부대를 투사하는 것을 포함한다. 성공적인 전투근무지원운용술을 적용하기 위해서 작전술 및 전술제대 지휘관과 그들의 전투근무지원 부대 간의 적절한 동시통합이 요구된다. 작전술 및 전술적 전투근무지원 소요에 대한 효과적인 통합은 전투부대 지휘관이 작전을 개시하고 유지하며 작전거리를 확장할 수 있도록 해준다. (그림 12−1 참조)

|그림 6-2| 전투근무지원 범위

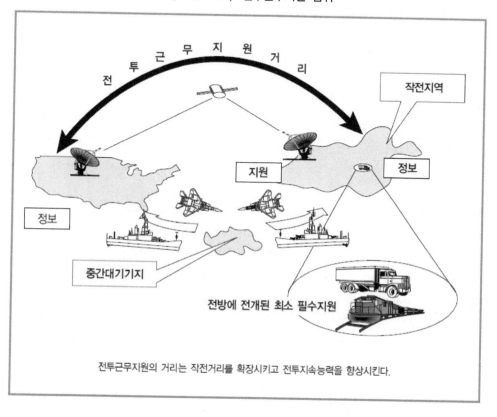

전투근무지원의 거리는 작전거리를 확장시키고 전투지속능력을 향상시킨다.

2 전투근무지원의 특징

CSS characteristics seldom exert equal influence, and their importance varies by situation. The commander identifies CSS characteristics having priority during an operation; they become the foundation for preparing the concept of CSS. The CSS characteristics are–

CSS characteristic 전투근무지원의 특징, **vary by situation** 상황에 따라 다양하다, **priority** 우선순위, **concept of CSS** 전투근무지원 개념

전투근무지원의 특징이 동일한 영향력을 발휘하는 경우는 드물며 상황에 따라 그 특성의 중요성은 달라진다. 지휘관은 작전수행 중 전투근무지원의 특성에는 우선순위가 있다는 것을 알아야 한다. 전투근무지원의 특성은 전투근무지원 개념을 준비하는데 기초가 된다.

Responsiveness. Responsiveness is the crucial characteristic of CSS. It means providing the right support in the right place at the right time. Responsiveness includes the ability to foresee operational requirements. It involves identifying, accumulating, and maintaining the minimum assets, capabilities, and information necessary to meet support requirements. On the other hand, the force that accumulates enough material and personnel reserves to address every possible contingency usually cedes the initiative to the enemy.

responsiveness 반응성, **operational requirement** 작전소요, **asset** 자산, **capability** 능력, **support requirement** 지원소요, **contingency** 우발상황, **cedes the initiative** 주도권을 양보하다

반응성. 반응성은 전투근무지원의 핵심적인 특성이다. 반응성은 적시적소에 적절한 지원을 제공하는 것을 의미한다. 반응성은 작전소요를 예측하는 능력도 포함한다. 반응성은 지원소요를 충족시키는데 필수적인 최소한의 자산, 능력 및 첩보를 식별하고 축적하며 유지하는 것을 포함한다. 한편 가능한 모든 우발상황에 대처하기 위해 충분한 자원 및 예비병력을 축적하는 부대는 대개 적에게 주도권을 양보한다.

Simplicity. Simplicity means avoiding complexity in both planning and executing CSS operations. Mission orders, drills, rehearsals, and standing operating procedures (SOPs) contribute to simplicity.

simplicity 간명성, complexity 복잡함, plan and execute 계획하고 시행하다, mission order 임무명령, drill 훈련, rehearsal 예행연습, standing operating procedure(SOP) 예규

간명성. 간명성은 전투근무지원작전 계획과 실시에 있어서 복잡함을 피하는 것을 의미한다. 임무명령, 훈련, 예행연습, 예규가 간명성에 기여한다.

Flexibility. The key to flexibility lies in the expertise for adapting CSS structures and procedures to changing situations, missions, and concepts of operations. CSS plans and operations must be flexible enough to achieve both responsiveness and economy. Flexibility may include improvisation. Improvisation is the ability to make, invent, or arrange for what is needed from what is at hand. Improvised methods and support sources can maintain CSS continuity when the preferred method is undefined or not usable to complete the mission.

flexibility 융통성, changing situation 변화하는 상황, mission 임무, concept of operation 작전개념, improvisation 임기응변, complete the mission 임무를 완수하다

융통성. 융통성의 핵심은 상황, 임무, 작전개념 변화에 따라 전투근무지원 구조와 절차를 적응시키는 전문성에 달려 있다. 전투근무지원 계획 및 작전은 즉응성과 경제성 모두를 달성할 수 있을 만큼 융통성이 있어야 한다. 융통성은 임기응변을 포함할 수도 있다. 임기응변이란 당장 가용한 것으로부터 요구되는 것을 만들고 창안하는 능력 혹은 조정하는 능력을 말한다. 임기응변적 방법과 지원자원은 임무완수를 위하여 더 좋은 방안이 없거나 사용되지 못할 때 전투근무지원의 연속성을 유지시킬 수 있다.

Attainability. Attainability is generating the minimum essential supplies and services necessary to begin operations. Commanders determine minimum acceptable support levels for initiating operations.

attainability 획득가능성, supply 보급, service 근무, operations 작전, commander 지휘관, minimum acceptable support level 최소한의 타당성 있는 지원수준

획득 가능성. 획득 가능성은 작전을 개시하기 위해 필요한 최소한의 필수 보급과 근무를 발생시킨다. 지휘관은 작전을 시작하기 위해 최소한의 타당성 있는 지원수준을 결정해야 한다.

Sustainability. Sustainability is the ability to maintain continuous support during all phases of campaigns and major operations. CSS planners determine CSS requirements over time and synchronize the delivery of minimum sustainment stocks throughout the operation.

sustainability 지속성, campaign 전역, major operations 주력작전, throughout the operation 작전전반에 걸쳐

지속성. 지속성은 전역 및 주력작전의 모든 단계에 걸쳐 지속적인 지원을 유지할 수 있는 능력이다. 전투근무지원 계획수립자는 시간에 따라 전투근무지원의 소요를 결정하고 작전 전반에 걸쳐 최소한의 전투력지속유지를 위한 재고보급을 통합한다.

Survivability. Being able to protect support functions from destruction or degradation equates to survivability. Robust and redundant support contributes to survivability, but may run counter to economy.

support function 지원기능, destruction 파괴, degradation 저하, survivability 생존성, run counter 상충되다

생존성. 생존성은 지원기능의 파괴나 지원기능이 저하되는 것을 방지하는 능력이다. 확실하면서도 충분한 지원은 생존성에 기여를 하지만 경제성에는 상충될 수 있다.

Economy. Resources are always limited. Economy means providing the most efficient support to accomplish the mission. Commanders consider economy in prioritizing and allocating resources. Economy reflects the reality of resource shortfalls, while recognizing the inevitable friction and uncertainty of military operations.

resource 자원, economy 경제성, accomplish the mission 임무를 완수하다, **prioritize and allocate resource** 자원사용의 우선순위를 정하고 할당하다, **shortfall** 부족, **friction and uncertainty of military operations** 군사작전의 마찰과 불확실성

경제성. 자원은 언제나 제한적이다. 경제성은 임무를 달성하기 위하여 가장 효율적인 지원을 제공하는 것을 의미한다. 지휘관은 자원 사용의 우선순위를 정하고 할당함에 있어 경제성을 고려한다. 경제성은 군사작전의 불가피한 마찰과 불확실성을 인식하는 반면 자원 부족의 현실을 반영한다.

Integration. Integration consists of synchronizing CSS operations with all aspects of Army, joint, interagency, and multinational operations. The concept of operations achieves this through a thorough understanding of the commanders' intent and synchronization of the CSS plan. Integration includes coordination with and mutual support among Army, joint, multinational, and interagency CSS organizations.

integration 통합, **Army, joint, interagency, and multinational operations** 지상·합동·유관기관·다국적 작전, **concept of operations** 작전개념, **thorough understanding** 철저한 이해, **commanders' intent** 지휘관 의도, **synchronization of the CSS plan** 전투근무지원계획의 동시통합, **coordination** 협조, **mutual support** 상호지원

통합성. 통합성은 육군, 합동, 유관기관 및 다국적 작전의 모든 측면을 고려하여 전투근무지원 작전을 통합하는 것이다. 작전개념은 지휘관 의도에 대한 철저한 이해와 전투근무지원계획의 통합을 통해 이를(통합성) 달성한다. 통합은 육군, 합동, 다국적 및 유관기관의 전투근무지원 조직간에 상호지원을 협조하는 것을 포함한다.

CSS characteristics are integrated throughout the operational framework. They guide prudent planning and assist the staff in developing the CSS plan.

CSS characteristic 전투근무지원의 특징, **operational framework** 작전구조, **staff** 참모, **CSS plan** 전투근무지원계획

전투근무지원의 특징은 작전구조 전반에 걸쳐 통합된다. 이러한 특성은 신중한 계획수립을 가능하게 하고 참모들이 전투근무지원계획을 발전시키는데 도움을 준다.

3 전투근무지원의 기능

CSS consists of many interrelated functions. Planning, managing, and executing support involves synchronizing and integrating them. At all levels of operations, the key CSS functions include maintenance, transportations, supply, combat health support, field services, explosive ordnance disposal, human resource support, financial management operations, religious support, legal support and band support.

CSS 전투근무지원, synchronizing and integrating 동시화 및 통합, at all levels of operations 전 작전적 수준에서, maintenance 정비, transportation 수송, supply 보급, combat health support 전시 의무지원, field service 야전근무활동, explosive ordnance disposal(EOD) 폭발물 처리, band support 군악지원

전투근무지원은 상호 연관된 많은 기능들로 구성되어 있다. 지원을 계획하고 관리하며 실시하는 것은 이런 기능들을 동시화하고 통합하는 것을 포함한다. 모든 작전의 수준에서 전투근무지원의 핵심 기능은 정비, 수송, 보급, 전시 의무지원, 야전근무활동, 폭발물 처리, 인력지원, 재정관리운영, 종교지원, 법률지원 및 군악지원이다.

4 전투근무지원 계획수립

Force commanders integrate operational and CSS planning through the COP. They require timely CSS information to plan effectively. Staffs assist commanders by determining detailed CSS requirements during mission analysis. The CSS plan anticipates CSS requirements by phase; CSS operators respond to adjustments force commanders make during execution. CSS planning lets commanders make operational adjustments while the force continually generates and sustains combat power.

force commander 전투부대 지휘관, operational and CSS planning 작전계획과 전투근무지원계획, COP 종합공통작전상황도, timely CSS information 적시적인 전투근무지원 첩보, staff 참모, CSS requirement 전투근무지원 소요, mission analysis 임무분석, by phase 단계별로, operational adjustment 작전조정, combat power 전투력

전투부대 지휘관은 종합공통작전상황도를 통해 작전계획과 전투근무지원 계획을 통합한다. 전투부대 지휘관은 효과적으로 계획을 수립하기 위해 적시에 전투근무지원 첩보를 요구한다. 참모들은 임무분석간 세부적인 전투근무지원의 소요를 결정함으로써 지휘관을 보좌한다. 전투근무지원계획을 통해 각 단계별로 전투근무지원 소요를 예측된다. 전투근무지원 운용자는 실시간 전투부대 지휘관이 조정하는 대로 반응한다. 부대가 지속적으로 전투력을 창출하고 유지하는 동안 지휘관들은 전투근무지원계획을 통해 작전조정을 한다.

5 전투근무지원의 우선순위

Force commanders maximize the use of limited resources by establishing CSS priorities and directing priorities of support. CSS commanders and staffs then develop a concept of CSS that meets the force commander's intent and planning guidance. In developing the concept of CSS, they ensure that it is responsive and flexible enough to accommodate changes in the situation.

use of limited resource 제한된 자원의 사용, CSS priority 전투근무지원 우선순위, priorities of support 지원 우선순위, CSS commander and staff 전투근무지원부대 지휘관과 참모, concept of CSS 전투근무지원 개념, force commander's intent 전투부대 지휘관의 의도, planning guidance 계획지침, change in the situation 상황변화

전투부대 지휘관은 전투근무지원의 우선순위를 설정하고 지원의 우선순위를 지시함으로써 제한된 자원을 최대한 활용한다. 그런 후 전투근무지원 부대 지휘관과 참모는 전투부대 지휘관의 의도와 계획지침을 충족시키는 전투근무지원 개념을 발전시킨다. 전투근무지원 개념을 발전시킬 때 전투근무지원 부대장과 참모는 상황변화에 따라 전투근무지원 개념이 조정될 수 있을 정도의 충분한 반응성과 융통성을 가지도록 해야 한다.

6 전투근무지원의 판단

The force commander directs the staff and CSS commanders to provide estimates that examine support to operational missions and requirements. CSS estimates, based on a thorough logistics preparation of the theater, provide a comprehensive and meaningful picture of CSS units, their capabilities, and options for employment. Personnel, combat health support, and CSS estimates are used to develop CSS plans and annexes. Force commanders require CSS personnel to express capabilities and their implications in operationally significant terms. Force commanders state their requirements to CSS commanders and staffs in a manner that achieves shared understanding.

force commander 전투부대 지휘관, staff 참모, estimate 판단, operational mission 작전임무, theater 전구, combat health support 전시 의무지원, CSS plan 전투근무지원 계획, annex 부록

전투부대 지휘관은 참모와 전투근무지원 부대장이 작전임무 및 소요에 대한 지원을 검토하는 전투근무지원 판단을 제공하도록 감독한다. 전구의 철저한 군수지원 준비에 기초를 둔 전투근무지원 판단은 전투근무지원 부대, 능력 및 운용방안에 대한 포괄적이면서도 의미 있는 청사진을 제공한다. 인사, 전시 의무지원 및 전투근무지원 판단은 전투근무지원 계획과 부록을 발전시키기 위하여 사용된다. 전투부대 지휘관은 전투근무지원 담당자들로 하여금 작전적으로 중요한 시기에 (전투근무지원) 능력과 그 연계성을 보고하도록 요구한다. 부대 지휘관은 서로 이해할 수 있는 방식으로 전투근무지원 부대장과 참모에게 자신의 요구사항을 진술한다.

Commanders understand that CSS is both an art and a science. The CSS command and staff challenge is to present force commanders with meaningful information that uses operational measures of support at the appropriate level of detail. Technology advances enable CSS planners to prepare credible CSS plans that meet force commander requirements.

commander 지휘관, CSS 전투근무지원, CSS command 전투근무지원 부대, staff 참모, force commander 전투부대지휘관, measures of support 지원 대책, CSS planner 전투근무지원 계획 담당자, credible CSS plan 신뢰할 만한 전투근무지원 계획

지휘관들은 전투근무지원이 술(術)과 과학이라는 것을 이해해야 한다. 전투근무지원 부대와 참모가 직면한 문제는 전투부대지휘관에게 적절하게 구체적인 수준으로 작전수행을 위한 지원 대책이 포함되어 있는 의미 있는 정보를 제공하는 것이다. 과학기술의 발전으로 인해 전투근무지원 계획 담당자들은 전투부대 지휘관의 요구사항을 충족시킬 수 있는 신뢰성 있는 전투근무지원 계획을 준비할 수 있다.

7 전투근무지원 개념

Force commanders use CSS characteristics to describe how CSS capabilities enable the force to generate and sustain combat power. CSS commanders and staffs use the military decision making process to develop CSS courses of action. The concept of CSS derives from the course of action that best supports the overall operation.

force commander 전투부대 지휘관, CSS characteristic 전투근무지원 특징, CSS capability 전투근무지원 능력, combat power 전투력, CSS commander and staff 전투근무지원부대 지휘관 및 참모, military decision making process 군사적 결심수립과정, course of action 방책, concept of CSS 전투근무지원 개념, overall operation 전반적 작전

전투부대 지휘관은 전투근무지원 능력이 어떻게 부대의 전투력을 창출하고 유지시키는가를 진술하기 위해 전투근무지원의 특징을 사용한다. 전투근무지원 부대장과 참모는 전투근무지원 방책을 발전시키기 위해 군사적 결심수립과정을 사용한다. 전투근무지원의 개념은 전체적인 작전을 가장 잘 지원하는 방책으로부터 도출된다.

8 전투근무지원 준비

The force commander prepares the battlespace by integrating the operational and CSS components. CSS commanders assist by obtaining, managing, and distributing the resources identified during planning. Negotiating host nation support agreements, contingency contracts, and other bilateral agreements, such as the acquisition and cross-service agreements (ACSAs), are part of this effort. CSS preparation also includes coordinating with strategic-level CSS managers to gain access to pre-positioned stocks or assets received through national-level agreements. Support base locations and LOCs are established and improved to meet operational requirements. Theater infrastructure, host nation support, multinational CSS, and contracted support are vital to Army CSS plans and operations. Each contributes to generating and sustaining combat power.

battlespace 전투 공간, planning 계획수립, host nation support agreement 주둔국지원 협정, contingency contract 우발상황 대비 계약, bilateral agreement 쌍무협정, acquisition and cross-service agreement 각 군 상호획득(조달)협정, coordinating 협조, support base location 지원기지의 위치, LOC 병참선(line of communications), meet operational requirement 작전소요를 충족시키다, multinational CSS 다국적 전투근무지원, contracted support 계약지원, Army CSS plan and operation 육군의 전투근무지원 계획 및 작전, combat power 전투력

전투부대 지휘관은 작전 요소와 전투근무지원 요소를 통합함으로써 전투공간을 준비한다. 전투근무지원 부대장은 계획수립 중에 식별된 자원을 획득, 관리 및 분배함으로써 작전을 지원한다. 주둔국 지원협정 협상, 우발상황 대비 계약, 각 군 상호획득(조달)협정과 같은 기타 쌍무협정은 이러한 노력의 일부이다. 전투근무지원 준비에는 사전 전개된 재고품목이나 국가적 수준 협정을 통해 지원 받는 자산에 접근하기 위해 전략적 수준의 전투근무지원 관리자와의 협조 역시 포함된다. 지원 기지의 위치와 병참선은 작전 소요를 충족시키기 위하여 설치되고 발전된다. 전구기반시설, 주둔국 지원, 다국적 전투근무지원 및 계약방식의 지원은 육군의 전투근무지원 계획 및 작전에 매우 중요하다. 이는 전투력을 창출하고 유지하는데 기여한다.

보스니아 지원 작전 – 계약지원

1995년 미 육군은 100년만에 다가온 발칸반도 최악의 혹한으로 불안정한 상황을 타개하기 위하여 보스니아에 2만5천명의 부대를 전개하였다. 지상부대 사령관은 전쟁으로 피폐한 보스니아가 광범위한 민수용 군수지원이 요구된다는 사실을 이해하였다. 또한 보스니아에 부대를 전개하기 위해서는 헝가리의 카포바(Kaposvar)와 타자르(Taszar)에 중간대기기지(ISB) 설치가 요구되었다. 제21전구사령부의 군수실무자들은 지원소요를 파악하였고 부대전개 전에 유럽지역을 담당하고 있는 군수담당 부참모장은 중간대기기지에 숙영지, 식량, 세탁, 목욕, 공중위생, 수송, 베이스 캠프 건설, 통역 지원을 위한 계약을 체결하였다. 보스니아에서도 이와 유사한 지원계약이 체결되었고, 이를 바탕으로 수많은 베이스 캠프가 설치되어 전개된 부대를 지원하였다. 계약체결로 동원된 차량들은 식량, 식수 및 다른 필수품 뿐 아니라 수 톤의 건축자재, 자갈 및 기타 건설자재들을 운반하였다. 과거의 다른 어떤 작전과는 달리 제21전구사령부의 보스니아 지원작전은 민수용 물자를 계약을 통해 확보하여 보다 안정적인 지원을 할 수 있었는데 이는 부여된 임무를 성공적으로 달성할 수 있었던 결정적 요인이었다.

9 전투근무지원 실시

The force commander is responsible for integrating CSS considerations into the overall operation. The types and quantities of CSS required and the methods used to provide it vary by type of operation.

force commander 전투부대지휘관, overall operation 전반적 작전, type of operation 작전유형

전투부대 지휘관은 전반적인 작전에 전투근무지원 고려 요소를 통합할 책임이 있다. 요구되는 전투근무지원의 유형 및 양과 전투근무지원을 제공하기 위해 사용되는 방법은 작전의 유형에 따라 다양하다.

공격작전에서의 전투근무지원

Force commanders consider how the operational framework and CSS affect each other during offensive operations. A commander's decision to fight a simultaneous or sequential, linear or nonlinear operation may depend on CSS capabilities. CSS operations may be affected dramatically by such decisions. For example, in linear offensive operations, commanders may secure CSS assets on ground LOCs with maneuver forces. In nonlinear operations, commanders may move CSS primarily by air. Regardless of the operational framework, CSS commanders and staff support the decisive offensive operation at the time and place of the force commander's choosing.

force commander 전투부대 지휘관, operational framework 작전구조, offensive operation 공격 작전, linear or nonlinear operation 선형 혹은 비선형 작전, CSS operation 전투근무지원작전 LOC(line of communications) 병참선, decisive offensive operation 결정적 공격작전

전투부대 지휘관은 공격작전 간 작전구조와 전투근무지원이 어떻게 상호 영향을 미치는가를 고려한다. 지휘관이 동시작전 혹은 순차적 작전, 선형작전 혹은 비선형작전으로 싸울 것인지를 결정하는 것은 전투근무지원 능력에 좌우될 수도 있다. 예를 들어, 선형 공격작전 시 지휘관은 기동부대로 지상 병참선상의 전투근무지원 자산을 안전하게 확보할 수도 있다. 비선형작전 시 지휘관은 주로 공중수단으로 전투근무지원을 이동시킬 수도 있다. 작전구조에 상관없이 전투근무지원 부대장과 참모는 전투부대 지휘관이 선택한 시간과 장소에서 결정적 공격작전을 지원한다.

Effective CSS in offensive operations demands CSS operators who foresee requirements and prepare to meet them before they occur. Force commanders require a simple concept of CSS that is responsive and flexible enough to adjust while executing offensive operations. To sustain momentum and provide freedom of action to exploit success, they integrate CSS considerations into plans. Due to the tempo of offensive operations, units may experience high losses from combat operations, combat stress, and fatigue. Recognizing the potential for loss during offensive operations, commanders plan for reconstitution.

offensive operations 공격작전, foresee requirement 소요를 예측하다, force commander 전투부대 지휘관, concept of CSS 전투근무지원 개념, momentum 공격기세, freedom of action 행동의 자유, exploit success 전과를 확대하다, tempo of offensive operations 공격작전의 속도, combat operations 전투작전, combat stress 전투 스트레스, fatigue 전투피로, reconstitution 전투력 복원

공격작전 시 효과적인 전투근무지원은 소요를 예측하고 소요가 발생하기 전에 소요를 충족시킬 수 있는 전투근무지원 운용자를 요구한다. 전투부대 지휘관은 공격작전 중에도 조정하기에 충분한 즉응성 있고 융통성 있는 간명한 전투근무지원 개념을 요구한다. 공격기세를 유지하고 전과를 확대하기 위한 행동의 자유를 제공하기 위해 전투근무지원 운용자들은 전투근무지원 고려 요소들을 계획에 통합한다. 공격작전의 속도로 인하여 부대는 전투작전에서부터 막대한 손실과 전투 스트레스 및 전투 피로를 경험할 수도 있다. 지휘관은 공격작전 간 예상 손실을 인식하고 전투력 복원 계획을 수립한다.

6-12 공격기세(momentum of an attack)
　　공격부대의 기동속도와 간단없는 화력이 결합된 상태로서 공격기세를 유지하기 위해서는 공격부대의 속도발휘가 핵심이며 작전의 분권화 및 지속성이 보장되어야 한다.

Commanders visualize the effects of rapid tempo on their ability to sustain offensive operations. The tempo and depth of offensive operations wear out equipment and consume great quantities of supplies, particularly bulk fuel and ammunition. The high workloads and evacuation requirements of offensive operations put stress on maintenance, Class IX, and supply operations, and increase Class VII requirements.

commander 지휘관, tempo 속도, offensive operations 공격작전, depth 종심, wear out equipment 장비를 마모시키다, supply 보급, fuel 유류, ammunition 탄약, evacuation 후송, maintenance 정비, class IX 9종, supply operations 보급운영, class VII 7종

지휘관은 신속한 작전속도가 공격작전 지속능력에 미치는 영향을 가시화해야 한다. 공격작전의 속도와 종심은 장비를 마모시키고 막대한 양의 보급품 특히, 엄청난 양의 유류와 탄약을 소모시킨다. 공격작전의 작업량과 후송소요로 인해 정비, 9종, 보급운영의 중요성이 강조되며 7종 소요를 증가시킨다.

6-13 군수물자(materiel)

1종(class I)부터 10종(class X)까지 종별로 분류(classification)된다. 1종(백미, 압맥, 육류, 소채류 등과 같은 식량류), 2종(피복류, 개인장구류, 취사기구류, 천막류, 행정소모품, 내무생활용 보급품, 각종 소모품, 건전지, 공구류), 3종(유류, 석탄, 압축기재, 대량화학 제품, 방독제), 4종(건축자재, 공사자재, 축성자재), 5종(탄약), 6종(PX 물품), 7종(항공기, 화염방사기, 차량, 화포 등과 같은 주요 장비의 완제품), 8종(의무장비 및 약품류), 9종(항공기, 차량, 통신 등의 수리부속), 10종(농기구류 등과 같은 비군사계획 자재, 대민지원물자)

방어작전에서의 전투근무지원

Tactical commanders consider CSS capabilities when deciding whether to conduct a mobile or area defense. For example, in an area defense, commanders may position CSS assets well forward to respond quickly and be protected by maneuver forces. In a mobile defense, commanders may move CSS assets further away from combat and CS forces to free up space for maneuver. Regardless of the type of defense, CSS commanders and staffs design a concept of CSS that allows a smooth transition to the offense.

tactical commander 전술제대 지휘관, mobile or area defense 기동방어 혹은 지역방어, CSS asset 전투근무지원 자산, maneuver force 기동부대, combat and CS force(combat support) 전투 및 전투지원부대, space for maneuver 기동공간(=maneuver space), commander and staff 지휘관 및 참모, concept of CSS 전투근무지원 개념, offense 공격

전술제대 지휘관은 기동방어 혹은 지역방어를 실시할 것인 지의 여부를 결정 시 전투근무지원의 능력을 고려해야 한다. 예를 들어 지역방어 시 지휘관은 신속하게 반응하고 기동부대에 의해 방호를 받기 위해 전투근무지원 자산을 전방에 배치할 수도 있다. 기동방어 시 지휘관은 기동의 공간에 자유를 부여하기 위해 전투 및 전투지원부대로부터 전투근무지원 자산을 멀리 이동시킬 수도 있다. 방어의 형태에 상관없이 전투근무지원 부대장 및 참모는 공격으로의 원활한 전환이 가능하도록 전투근무지원 개념을 구상해야 한다.

CSS requirements for defensive operations depend on the type of defense. Forces in a mobile defense consume more fuel than those in an area defense. Typically, bulk fuel consumption may be less than in offensive operations. However, ammunition consumption is higher and will likely have the highest movement priority. Barrier and fortification material is moved forward in preparation for all types of defense. Chemical defense equipment may also be a significant requirement. As with the offense, the force commander's operational design affects the concept of CSS. The CSS commander synchronizes the concept of CSS with the force commander's concept of operations. The CSS plan includes branches or sequels that address generating and sustaining combat power after the transition to offensive operations.

CSS requirement 전투근무지원 소요, defensive operations 방어작전, type of defense 방어작전의 유형, force in a mobile defense 기동방어부대, area defense 지역방어, bulk fuel consumption 다량의 유류소모, offensive operations 공격작전, ammunition consumption 탄약소모, barrier and fortification material 장애물 및 축성자재, chemical defense equipment 화학전 방어장비, operational design 작전구상, concept of CSS 전투근무지원 개념, concept of operations 작전개념, branch 우발계획, sequel 후속작전, combat power 전투력

방어작전에 대한 전투근무지원 소요는 방어의 유형에 좌우된다. 기동방어 부대는 지역방어부대 보다 많은 양의 유류를 소비한다. 전형적으로 방어작전 시 유류 소모량은 공격작전보다 적을 수도 있다. 그러나 탄약소모는 더 많으며 이동에 대한 최우선 순위를 갖는다. 장애물 및 축성 자재는 모든 방어작전 형태를 위한 준비를 위해 전방으로 이동된다. 화학전 방어장비 또한 중요한 소요가 될 수 있다. 공격작전과 마찬가지로 전투부대 지휘관의 작전 구상은 전투근무지원의 개념에 영향을 미친다. 전투근무지원 부대장은 전투부대 지휘관의 작전개념에 전투근무지원 개념을 통합한다. 전투근무지원 계획은 공격작전으로의 전환 후에 전투력을 창출하고 지속시키는 문제에 대처하는 우발계획 및 후속작전을 포함한다.

군사용어정리

【 A 】

accept risk 위험을 감수하다

accomplish the mission 임무를 완수하다

accuracy 정확(성)

accurate 정확한

acquire information 첩보를 획득하다

acquisition and cross-service agreement 각 군 상호획득(조달)협정

action required 요구되는 행동

actions of all forces 모든 부대의 활동

activity and capability 활동 및 능력

activity of force 부대활동

additional combat power 추가적 전투력

adequate resource 충분한 자원

adjust plan 계획을 조정하다

administrative movement 행정적 이동

administrative or logistic support 행정지원 혹은 군수지원

advance, flank, and rear guard 전위, 측위, 후위

advance, flank, or rear security force 전방·측방 혹은 후방 경계부대

advantageous position 유리한 위치

adversary 적대세력

adversity and danger 역경과 위험

aerial surveillance 항공 감시

aggressive patrolling 공격적 정찰

aggressive 공세적인

aggressiveness 공격성

agile commander 민첩한 지휘관

agility 민첩성

air and ground capability 공중 및 지상능력

air and ground reserve 공중 및 지상 예비

air and indirect fire 공중 및 간접화력

air and missile attack 공중 및 미사일 공격

air and missile defense 공중 및 미사일 방어

air assault unit 공중강습부대

air assault 공중강습

air asset 공중자산

air attack 공중공격

air cavalry 공중(항공)수색

air defense artillery(ADA) 방공포병

air defense system 방공체계

air defense 방공

air strike 공중타격

air superiority 공중우세

air support 공중지원

airborne 공정

airspace 공역

all available fire 가용한 모든 화력

all-around security 전방위 경계

allocate resource 자원을 할당하다

allocation of force 부대할당

allocation of space 공간할당

alter the situation 상황을 변경하다

alternate or successive position 예비진지 혹은 축차진지

alternative 대안

ambush 매복

ammunition consumption 탄약소모

ammunition 탄약

amphibious assault 상륙강습

amphibious entry capability 상륙 진입 능력

analysis of the enemy 적에 관한 분석

analysis of the tasks assigned 부여된 과업 분석

annex 부록

annihilate 섬멸하다

approach march 접적행군

area defense 지역방어

area of expertise 전문영역

area of operations(AO) 작전지역

area of operations(AO) designated 지정된 작전지역

area or mobile defense 지역방어 혹은 기동방어

area security mission 지역경계임무

armed force 군대

armor 기갑

Army and joint fire 지상 및 합동화력

Army commander 육군 지휘관; 지상군 지휘관

Army CSS plan and operation 지상군(육군)의 전투근무지원 계획 및 작전

Army doctrine 육군(지상군) 교리

Army force and commander 지상군(육군)과 지휘관

Army force strength 지상군(육군)의 강점

Army force 육군(지상군)

Army service 육군(지상군)의 책무

Army, Air force, Navy, Marine corps 육·해·공군 및 해병대

arrange forces 부대를 배치하다

arrangement of battle and major operations 전투와 주력작전의 조정

arrangement 배치

art and science 술(術)과 과학

articulate 명료하게 표현하다

assailable flank 공격 가능한 측익

assault 돌격하다

assembly area(AA) 집결지

assessing and visualizing 평가 및 가시화

assessing the situation 상황평가

assessment 평가

asset 자산

assign AO(area of operations) 작전지역을 부여하다

assign task 과업을 부여하다

assign 할당하다; 예속시키다; 부여하다

assigned force 예속부대

assigning task 과업 할당

asymmetric 비대칭적인

asymmetry 비대칭

at any echelon 어떤 제대에서도

at decisive point 결정적 지점에서

at the expense of ~의 대가를 치르고
attack 공격
attack aviation 육군항공
attack formation 공격대형
attack position 공격대기지점
attack preparation 공격준비
attack, fire, feint and demonstration 공격, 화력, 양공 및 양동
attacker 공자
attacker's blow 공자의 일격
attacker's initial advantage 공자의 초기 이점
attackers' tempo 공자의 작전속도
attacker's true intention 공자의 실제의도
attacking commander 공격부대 지휘관
attacking force strikes target 공격부대가 목표를 타격하다
attacking force 공격부대
attainability 획득가능성
attune A to B A를 B에 일치시키다
audacity 대담성
authority 권한
available force 가용부대
avenue for attack 공격로
avenue of approach 접근로
aviation 육군항공
avoid combat 전투를 피하다

[B]

backbone of C2 system 지휘통제체계의 중추
band support 군악지원
barrier and fortification material 장애물 및 축성자재
base 기지
base of operation 작전기지
base security 기지경계
battle 전투

battle and engagement 전투와 교전

battle command 전투지휘

battle damage assessment 전투피해평가

battle drill 전투훈련

battle position 전투진지

battlefield 전장

battlefield circulation 전장순환

battlefield operating systems(BOS) 전장운영체계

battlefield organization 전장편성

battlefield use 전장의 용도

battlespace 전투공간

be encountered or engaged 조우 혹은 교전하다

be outnumbered 수적으로 열세하다

bedrock 기반

belligerent 호전적인

below the level of the combatant command 통합군사령부급 이하

bilateral agreement 쌍무협정

block 저지하다

block the enemy's escape 적 도주를 봉쇄하다

boldness 대담성

BOS 전장운영체계

boundary 전투지경선

branch 우발계획

breach obstacle 장애물을 돌파하다

breaching obstacle 장애물 돌파

breaching operations 통로개척작전

breadth 폭

bridge and raft support 교량 및 부교지원

brigade level 여단급

brigade 여단

broad front 광정면

broad or detailed 광범위한 혹은 세부적인

bulk fuel consumption 다량의 유류소모

by fire 화력으로

by fixing the enemy 적을 고착함으로써

by phase 단계별로

bypass 우회(하다)

[C]

C2(command and control) 지휘통제

C2 system 지휘통제체계

campaign objective 전역목표

campaign or major operation 전역 혹은 주력작전

campaign 전역

capability 능력

capture 포획

carrier-based aircraft 항공모함상의 항공기

cavalry 기갑수색

cedes the initiative 주도권을 양보하다

center of gravity 중심

center on ~에 초점을 맞추다

central point 중심점

change in the situation 상황변화

changing situation 변화하는 상황

changing situation 상황변화

chemical defense equipment 화학전 방어장비

chronological application of combat power or capability 전투력과 능력의
순차적인 적용

circumstances and intent 상황과 의도

civil authority 민간당국

civil consideration 민간고려요소

civil control 민간인 통제

civil security 민간인 안전보장

civil-military operations(CMO) 민사작전

class VII 7종

class IX 9종

clearly defined enemy force 명확하게 규정된 적

close area assigned to a maneuver force 기동부대에 부여된 근접지역
close area 근접지역
close combat 근접전투
close terrain 밀집지형
close, deep, and rear area 근접, 종심, 후방지역
coalition 연합
COCOM(combatant command) 작전지휘
coherence 응집력
coherence of the defense 방어의 응집성
coherent defense 응집력 있는 방어
cohesion of the defense 방어의 응집성
collaborative 협력적인
collect information 첩보를 수집하다
collect 수집하다
collection source 수집출처
combat 전투
combat action 전투행위
combat and CS(combat support) force 전투 및 전투지원부대
combat force 전투부대
combat formation 전투대형
combat health support 전시 의무지원
combat multiplier 전투 승수
combat operations 전투작전
combat power allocated 할당된 전투력
combat power of a force 부대의 전투력
combat power 전투력
combat service support(CSS) 전투근무지원
combat stress 전투 스트레스
combat support and CSS(combat service support) assets 전투지원 및
    전투근무지원 자산
combat support(CS) and CSS facility 전투지원 및 전투근무지원 시설
combat support(CS) 전투지원
combat under undesirable condition 불리한 조건하에서의 전투
combat unit 전투부대

combatant 전투원

combatant command(command authority) 작전지휘(지휘권)

combatant commander 통합군사령관

combination of force 부대통합

command 부대; 사령부

combined arms security force 제병협동경계부대

combined arms team 제병협동팀

command and control 지휘통제

command and control(C2) system 지휘통제체계

command and control(C2) 지휘 및 통제

command and force 사령부 및 부대

command and support relationship 지휘 및 지원관계

command authority 지휘권한

command decision 지휘결심

command level 부대수준

command post(CP) 지휘소

command relationship 지휘관계

command responsibility 지휘책임

commander 지휘관

commander and staff 지휘관 및 참모

commander and the C2 system 지휘관 및 지휘통제 체계

commander and unit 지휘관과 부대

commander of exploiting unit 전과확대부대 지휘관

commander of force engaged in the close area 근접지역 담당 부대 지휘관

commander's ability 지휘관 능력

commander's critical information requirements(CCIR) 지휘관중요첩보요구

commander's decision 지휘관 결심

commanders' intent 지휘관 의도

commanders' perspective 지휘관의 시각

commercial surveillance system 상업용 감시체계

commit 투입하다

commit reserve 예비대를 투입하다

commitment 투입

committed force 투입부대

common goal 공통의 목적

common objective 공통의 목표

common operational picture(COP) 공통작전상황도

common plan 공통계획

communication system 통신체계

complement 보완하다

complete the mission 임무를 완수하다

complexity 복잡성

complicated crisis 복잡한 위기

component type 구성군 유형

component 구성군

conceal 은폐하다

concealed position 은폐된 진지

concealment 은폐

concentrate force 부대를 집중하다

concentrated fire 집중화력

concentration 집중

concept of CSS 전투근무지원 개념

concept of operation 작전개념

condition favorable for offensive operations 공격작전을 위한 유리한 여건

condition 상황; 조건; 여건

conducive to ～에 도움이 되는

conduct a feint 양공작전을 수행하다

conduct operations 작전을 수행하다

conduct shaping operations 여건조성작전을 수행하다

confidence 자신감

conflict 분쟁

confuse the enemy 적을 혼란에 빠뜨리다

contact with enemy force 적과의 접촉

contact 접촉(하다)

contain 견제하다

contaminated area 오염지역

contiguous AO(area of operations) 접경 작전지역

contiguous close area 접촉후방지역

contiguous or noncontiguous AO(area of operations) 접경 혹은 비접경 작전지역

contiguous 접경하고 있는

contingency 우발상황

contingency contract 우발상황 대비 계약

continuity of operations 작전지속성

continuous update 지속적인 최신화

contracted support 계약지원

control 통제하다

control measures 통제수단

control of the objective 목표의 통제

control of the situation 상황통제

control resource allocation 자원할당을 통제하다

conventional combat 재래식 전투

conventional force 재래식 부대

conventional threat 재래식 위협

cooperation 협동

coordinate 협조하다

coordination 협조

COP 공통작전상황도

corps 군단

corps and division reserve 군단 및 사단 예비

corps defense 군단방어

corps or division 군단 혹은 사단

counter 대항하다

counterair operations 대공작전

counterattack 역습

counterattack plan 역습계획

counterattacking force 역습부대

counterfire 대화력

countermobility 대기동

counteroffensive 공세이전(반격)

course of action(COA) 방책

cover and concealment 엄폐 및 은폐

cover defending or withdrawing unit 방어 혹은 철수부대를 엄호하다

covering force 엄호부대

credible CSS plan 신뢰할 만한 전투근무지원 계획

critical aspects of the overall operation 전반적인 작전의 주요양상

cross-border aggression 국경선 침략

CS(combat support) and CSS(combat service support) 전투지원 및 전투근무지원

CSS(combat service support) 전투근무지원

CSS asset 전투근무지원 자산

CSS capability 전투근무지원 능력

CSS characteristic 전투근무지원 특징

CSS command 전투근무지원 부대

CSS commander and staff 전투근무지원부대 지휘관 및 참모

CSS force 전투근무지원 부대

CSS operation 전투근무지원작전

CSS plan 전투근무지원계획

CSS planner 전투근무지원 계획 담당자

CSS priority 전투근무지원 우선순위

CSS requirement 전투근무지원 소요

CSS unit 전투근무지원 부대

CSS(combat service support)unit 전투근무지원 부대

culminate 작전한계점에 도달하다

culminating point 작전한계점

curfew 야간 통행금지

current fight 현행전투

current information 현행첩보

current intelligence 현행정보

current operation 현행작전

current situation 현 상황

[D]

deceive the enemy 적을 기만하다

deceive 기만하다

decentralization 분권화

decentralized control 분권화된 통제

deception 기만

decision making authority 의사결정권

decision making process 결심수립과정

decision making style 결심수립 유형

decision making 결심수립

decisive attack 결정적 공격

decisive battle 결정적 전투

decisive combat power 결정적 전투작전

decisive combat 결정적 전투

decisive effect 결정적 효과

decisive engagement 결정적 교전

decisive engagement 결정적 교전

decisive land operations 결정적 지상작전

decisive offensive operation 결정적 공격작전

decisive operation 결정적 작전

decisive or shaping operations 결정적작전 혹은 여건조성작전

decisive point 결정적 지점

decisive victory 결정적 승리

decisive, shaping, and sustaining operations 결정적, 여건조성, 전투력지속작전

deep area 종심지역

deep fire 종심화력

deep objective 종심목표

deep, close, and rear area 종심, 근접 및 후방지역

defeat 격퇴(하다)

defeat an enemy attack 적 공격을 격퇴하다

defeat enemy force 적을 격퇴하다

defeat enemy initiative 적 주도권을 박탈하다

defeat in detail 각개격파하다

defeat of the enemy force 적부대 격멸

defeat or destroy 격퇴 혹은 격멸하다

defeat the enemy 적을 격멸하다

defend 방어하다

defended area 방어지역

defender 방자

defender's security 방자의 경계

defender's terms 방자의 조건

defending commander 방어부대 지휘관

defending force 방어부대

defense 방어

defensive IO 소극적 정보작전

defensive operation 방어작전

defensive position 방어진지

defensive posture 방어태세

defensive preparation 방어준비

defensive task 방어과업

defuse 진정시키다

degradation 저하

degrade 감소시키다

degree of simplicity 간명성의 정도

delay 지연(하다)

delay, disrupt, or destroy 지연·와해 혹은 격멸하다

delaying action 지연전

delaying force 지연부대

delaying unit 지연부대

delegate authority 권한을 위임하다

delegates 위임하다

deliberate attack 정밀공격

deliberate planning 정밀계획

demonstration 양동

demonstration's true purpose 양동의 실제목적

demoralize the enemy 적의 사기를 저하시키다

deny enemy forces access 적 부대 접근을 거부하다

deny 거부하다

deploy 전개하다

deploy and employ force 부대를 전개하고 운용하다

deployed force 전개된 부대

deployment of theater missile defense system 전구 미사일 방어체계의 전개

deployment 전개

depth 종심

derived from ～에서 비롯된

design of campaign and major operation 전역과 주력작전 구상

designate 지정하다

designate a force 부대를 지정하다

designate a reserve 예비대를 지정하다

designate combat force 전투부대를 지정하다

designated staff element 지정된(해당) 참모부서

designated terrain 지정된 지형

designating objective 목표 지정

desired end state 요망되는 최종상태

destroy 격멸하다

destroy attacking force 공격부대를 격멸하다

destroy enemy force 적 부대를 격멸하다

destroy enemy 적을 격멸하다

destroy installation 기지를 파괴하다

destroy or defeat enemy force 적 부대를 격멸 혹은 격퇴하다

destroy or fix enemy force 적 부대를 격멸하거나 고착하다

destroy the enemy 적을 격멸하다

destruction 격멸

detail 세부

detect or strike friendly force 아군을 발견하거나 타격하다

deter 억제하다

deterrence 억제

develop the situation 상황을 전개하다

direct and indirect application of firepower 직·간접 화력의 사용

direct and indirect fire 직·간접 화력

direct contact with the enemy 적과의 직접적 접촉

direct fire system 직접화력체계

direct offensive operations 공격작전을 지휘하다

direct pressure force 직접압박부대

direct support and close support 직접지원 및 근접지원

direct the action of subordinate 예하부대의 행동을 지시하다

direct unit 부대를 감독하다

direct, indirect, and air-delivered fire 직·간접·공중화력

direction or timing of an attack 공격방향 혹은 공격시간

directional orientation 지향방향

disciplined execution 엄정한 작전 실시

disengage 전투이탈하다

disengagement 전투이탈

disorganization 와해

disorganize 와해하다

disorganize the enemy in depth 종심 깊게 적을 와해하다

disorganized enemy resistance 지리멸렬한 적 저항

disorganized retrograde 무질서한 후퇴

disparity 불균형

disperse 분산하다

disperse enemy fire 적의 화력을 분산시키다

disperse resource 자원을 분산시키다

dispersion 분산

display of force 무력시위

disposition 배치

disrupt enemy C2(command and control) 적 지휘통제를 와해하다

disrupt enemy defensive plan 적 방어계획을 와해하다

disrupt the defensive system 방어체계를 와해하다

disrupt 와해하다

disruption 와해

disruptive action 와해행동

disseminate 전파하다

distribution of fire 화력분배

divert attention 주위를 전환하다

divert enemy attention 적의 주의를 전환하다

divert enemy attention 적의 주의를 전환하다

divert forces 병력을 전환하다

divert 전환하다

division 사단

doctrine 교리

dominate the situation 상황을 지배하다

double envelopment 양익포위
drill 훈련
duration (작전지속)기간

[E]

early warning 조기경고
echelon 제대
economy of force 병력절약
effect of combat power 전투력의 효과
effect on the enemy 적에 미치는 영향
effective maneuver 효과적인 기동
effectiveness of fire 화력의 효과
effectiveness of the defense 방어의 효과성
effects of enemy weapon system 적 무기체계의 효과
elasticity 탄력성
electronic warfare(EW) 전자전
element 부대; 요소
element of combat power 전투력 발휘요소
element of operational design 작전구상요소
element of the battlefield organization 전장편성요소
elements of combat power 전투력 발휘요소
emergency shelter 비상 대피소
employment and distribution of force 병력의 운용과 할당
employment of unit 부대 운용
enabling operation 작전보장활동
encircle 전면포위하다
encircled force 전면포위 된 부대
encircled or decisively engaged force 전면포위 혹은 결정적으로 교전하고 있는 부대
encirclement 전면포위
encircling force 전면포위부대
encircling or enveloping force 전면포위 혹은 포위부대
encounter(=engagement) 교전
end state 최종상태

end 목적

enduring obligation 영원한 의무

enemy 적

enemy action 적 행동

enemy aircraft 적 항공기

enemy attack 적 공격

enemy attacking force 적 공격부대

enemy C2(command and control) system 적 지휘통제체계

enemy capability 적 능력

enemy coherence 적의 응집력

enemy combat power 적 전투력

enemy commander 적 지휘관

enemy commander's intent 적 지휘관 의도

enemy contact 적과의 접촉

enemy decision making process 적 결심수립과정

enemy defense 적 방어

enemy defensive fire 적 방어사격

enemy defensive system 적 방어체계

enemy disposition 적 배치

enemy fire 적 화력

enemy flank 적 측방

enemy force 적 부대

enemy front 적 정면

enemy infiltrator 적 침투부대

enemy interference 적 방해

enemy leader 적 지휘관(자)

enemy location 적 위치

enemy mobility 적의 기동성

enemy movement 적 이동

enemy option 적 방책

enemy or adversary capability 적 또는 적대국의 능력

enemy penetration 적 돌파

enemy reaction 적 대응

enemy rear 적 후방

enemy reconnaissance force 적 정찰부대

enemy reconnaissance operations 적 정찰작전

enemy reserve 적 예비대

enemy resistance 적 저항

enemy resource 적 자원

enemy tempo 적 작전속도

enemy threat 적 위협

enemy weakness 적 약점

enemy's ability 적 능력

enemy's ability to react 적의 대응능력

enemy's coherence 적 응집성

enemy's flank and rear 적의 측방과 후방

enemy's momentum 적 공격기세

enemy's will 적의 의지

engage enemy 적과 교전하다

engage the enemy 적과 교전하다

engage 교전하다

engagement area 교전지역

engagement plan 교전계획

engagement 교전

engineer support 공병지원

envelop 포위하다

envelop enemy 적을 포위하다

enveloping force 포위부대

envelopment 포위

environment 환경

epidemic disease 전염병

EPW(enemy prisoner of war) 적 전쟁포로

equipment type 장비유형

equipment 장비

escape route 퇴로

essential element of friendly information(EEFI) 우군첩보기본요소

essential task 필수과업

establish condition 여건을 조성하다

estimate 판단(하다)

evacuation 후송

execute plan 계획을 실행하다

execute 실행(시)하다

execution 실시

execution of military operations 군사작전 실행

execution, and assessment 실시 및 평가

exercise 발휘하다(행사하다)

expected outcome 예상되는 결과

experience and judgment 경험과 판단

exploit 이용하다

exploit advantage 이점을 확대하다

exploit opportunity 기회를 이용하다

exploit success 성공을 확대하다(전과를 확대하다)

exploit vulnerability 취약성을 이용하다

exploitation 전과확대

explosive ordnance disposal(EOD) 폭발물 처리

expose 노출시키다

expose a flank 측방을 노출하다

exposed flank 노출된 측익

exposed or overextended attacker 노출되고 신장된 공자

extended operations 신장된 작전

exterior line 외선

external and internal threat 외부 및 내부 위협

[F]

facilitate 용이하게 하다

facility 시설

faction 파벌

factor of METT-TC 전술적 고려 요소(메트 티 씨 요소)

false communication 허위통신

fatigue 전투피로

feint 양공

field artillery 야전포병

field artillery fire 포병화력

field service 야전근무활동

fight and win the nation's war 전쟁에서 싸워 이기다

fight through any obstacle 장애를 극복하고 싸우다

fighting element 전투부대

fire 화력

fire and maneuver 화력과 기동

fire and shaping or diversionary attack 화력과 여건조성공격 혹은 견제공격

fire in depth 종심화력

fire support 화력지원

firepower 화력

fires and maneuver 화력과 기동

firm control 강력한 통제

fix 고착(하다)

fix defenders' attention 방자의 주의를 고착하다

fix enemy force 적 부대를 고착하다

fix force 부대를 고착하다

fixed-wing aircraft 고정익 항공기

flank 측방

flee 도주하다

flexibility 융통성

flexibility in thought, plans, and operations 사고, 계획 및 작전의 융통성

flexible plan 융통성 있는 계획

flexible response 융통성 있는 대응

fluid nature of operations 작전의 유동적 속성

focus of the commander's intent and operational design 지휘관 의도와
　　작전구상의 중점

follow-on force 후속부대

force assigned 할당된 부대

force commander 전투부대 지휘관

force commander's intent 전투부대 지휘관의 의도

force in a mobile defense 기동방어부대

force not in contact with the enemy 적과 접촉하지 않은 부대

force of an attack 공격부대

force protection 부대방호

force—oriented objective 병력이 지향해야할 목표

force's area of influence 부대의 영향지역

foresee requirement 소요를 예측하다

form of attack 공격 형태

form of maneuver 기동형태

form of retrograde 후퇴작전의 형태

formation 대형

fortification of battle position 전투진지의 축성

forward boundary of subordinate unit 예하부대의 전방 전투지경선

forward boundary of the controlling echelon 통제제대의 전방 전투지경선

forward boundary 전방전투지경선

forward deployment 전방전개

forward presence 전방주둔

fragmentary order(FRAGO) 단편명령

fratricide 우군 간 피해

freedom of action 행동의 자유

freedom to maneuver(=freedom of action) 기동의 자유

fresh force 새로운 부대

friction and uncertainty of military operations 군사작전의 마찰과 불확실성

friendly and enemy or adversary force 아군 및 적군 혹은 적대국 부대

friendly and enemy situation 아군 및 적 상황

friendly capability 우군 능력

friendly casualty 우군 사상자

friendly center of gravity 아군의 중심

friendly commander 아군 지휘관

friendly decisive operation 아군의 결정적 작전

friendly force 아군부대

friendly force freedom of maneuver 우군기동의 자유

friendly force information requirement(FFIR) 우군첩보요구

friendly force operation 아군작전

friendly information and information system 아군정보 및 정보체계

friendly intention and capability 아군의 의도와 능력

friendly location 아군 위치
friendly mobility 아군의 기동성
friendly movement 아군의 이동
friendly objective 아군 목표
friendly position 아군진지
friendly situation 아군상황
friendly troop 우군부대
friendly weakness 아군의 약점
friendly, enemy, and neutral force 우군, 적군 및 중립국 부대
front and flank of the main body 본대의 전방 및 측방
frontal attack 정면공격
frontline unit 전방부대
fuel 유류
full synchronization 완전한 동시통합
full-scale attack 대규모 공격
function of command 지휘기능
function 기능(하다)
functional activity 기능적 활동
functional component command 기능 구성군 사령부
fundamental of the defense 방어 원칙
fundamental of the offense 공격의 원칙
fundamental 근원의
fuse 융합하다
future operations 장차작전

[G]

gain advantage 이점을 얻다
gap 괴리(차이)
general support reinforcing 일반지원 및 증원
general support 일반지원
general 일반지원
geographic objective 지형목표
goal 목적

goal of the higher headquarters 상급사령부의 목적

governance (정부)통치

grievance 불만

ground 지형

ground and air mobility 지상 및 공중 기동력

ground commander 지상군 지휘관

ground forces 지상군 부대

ground maneuver 지상기동

ground operations 지상작전

ground, air, and sea resource 지상·공중 및 해상 자원

guidance 지침

[H]

harassing indirect fire 요란사격

hasty attack 급속공격

hasty defense 급편방어

heightened security 강화된 경계

higher commander 상급 지휘관

higher headquarters mission 상급사령부 임무

higher headquarters 상급사령부

hinder enemy movement 적 이동을 방해하다

host nation support agreement 주둔국지원 협정

host nation 주둔국

hostile force 적 부대

hostile territory 적대지역

humanitarian relief 인도적 구호

[I]

ignite 점화하다

IM(information management) 정보관리

immediate contact with the enemy 적과의 직접적 접촉

immediate threat to operations 작전에 집적적인 적 위협

impassable terrain 통행 불가한 지형

improvisation 임기응변

in line with ～와 부합되는

in turn 반대로

independent action 독단행동

independent operations 독립작전

indicator 징후

indirect and aerial fire 간접 및 항공화력

indirect fire 간접화력

infantry 보병

infiltrating force 침투부대

infiltration 침투

information 정보

information asset 정보자산

Information engagement 정보전

information management(IM) 정보관리

information operations(IO) 정보작전

information requirement 정보요구

information superiority 정보우위

information system 정보체계

informed decision 정보가 제공된 결심

infrastructure development 기반시설 개발

initial assault 최초공격

initial breach 최초 돌파구

initial contact 최초접촉

initial shock of an attack 어떤 공격의 최초충격

initial vision 최초 비전

initial-entry force 최초진입부대

initiate 주도하다

initiate and sustain operations 작전을 개시하고 유지하다

initiate combat 전투를 개시하다

initiative 주도권

instability 불안정

instinct 본능

instructions 지침

instruments of national power 국력의 수단

integral component 필수적인 구성요소

integrate 통합하다

integration 통합

intellectual flexibility 지적 융통성

intelligence 정보

intelligence preparation of the battlefield(IPB) 전장정보분석

intelligence system 정보체계

intelligence task 정보과업

intelligence, surveillance, and reconnaissance(ISR) 정보 · 감시 · 정찰

intent and guidance 의도와 지침

intent 의도

interagency 정부유관기관

interdependent 상호의존적인

interdicting friendly force 우군부대를 차단하다

interdicting 차단

interim government 임시정부

interior line 내선

intermediate or final position 중간진지 혹은 최종진지

interoperability 상호운용성

intratheater airlift 전구내의 공중수송

intuition 직관

invites disaster 재앙을 초래하다

IO(information operations) 정보작전

IPB(information preparation of the battlefield) 전장정보분석

isolate enemy unit 적 부대를 고립하다

isolate enemy 적을 고립시키다

ISR(intelligence, surveillance and reconnaissance) 정보, 감시, 정찰

[J]

JFC objective 합동군지휘관 목표

JFC(joint force commander) 합동군사령관

JFC-assigned AO 합동군 지휘관에게 부여된 작전지역
JFC-directed mission 합동군 지휘관에 의해 지시된 임무
joint 합동의
joint air asset 합동공중자산
joint and Army operations 합동 및 지상 작전
joint and multinational force 합동 및 다국적군
joint doctrine 합동교리
joint fire 합동화력
joint force 합동군
joint force air component commander(JFACC) 합동 공군구성군 지휘관
joint force commander's(JFC's) operational design 합동군 지휘관의 작전구상
joint force land component commander(JFLCC) 합동지상구성군 지휘관
joint force maritime component commander(JFMCC) 합동 해상구성군 지휘관
joint intelligence asset 합동정보자산
joint operations 합동작전
joint or multinational fire 합동 혹은 다국적군 화력
joint or multinational force 합동 혹은 다국적군
joint support 합동 지원
joint task force(JTF) 합동특수임무부대
JTF(joint task force) 합동특수임무부대

[K]

key enemy installation 주요 적 기지
key terrain 주요지형

[L]

lack of information 정보부족
land force commander's concept 지상군 지휘관의 개념
land force 지상군
land operations 지상작전
land warfare 지상전
land, maritime, amphibious, and special operations forces 지상, 해상, 상륙 및

특수작전 부대

land-based military 지상군

large-scale operations 대규모 작전

large-unit headquarters 대부대 사령부

latitude (견해, 의견 사상 등의) 자유범위

launch 수행하다

lead element 선두부대

lead force 선두부대

leadership 지휘통솔

less active area 교전이 치열하지 않은 지역

lethal and nonlethal activity 치명적 및 비치명적 활동

level of war 전쟁 수준

light defense 경미한 방어

light resistance 경미한 저항

lightly committed forward element 소규모로 투입된 전방부대

lightly defended position 약하게 방어하고 있는 진지

likely approach 예상 접근로(=avenue of approach)

likely enemy avenue of approach 예상되는 적 접근로

limit of advance 전진한계

limitation 제한사항

limited-objective attack 제한된 목표에 대한 공격

line of communications(LOC) 병참선

line of departure(LD) 공격개시선

linear 선형의

linear operations 선형작전

linear or nonlinear operation 선형 및 비선형 작전

linear or nonlinear 선형적인 혹은 비선형적인

lines of operations 작전선

local 국지적인

local exploitation 국지적 전과확대

local superiority at the point of decision 결정적 지점에서의 국지적 우세

locate and fix the enemy 적을 발견하고 고착하다

location 위치

lodgment 거점

long-range precision fire 장거리 정밀화력
long-range surveillance unit 장거리 감시부대
loss 손실
lower echelon 하급제대
lower-echelon tactical unit 하급제대 전술부대
lowest tactical echelon 최말단 전술제대
low-threat environment 위협이 낮은 환경
lucrative target 유리한 목표

[M]

main body 본대
main body unit 본대에 편성된 부대
main effort 주 노력
maintain contact 접촉을 유지하다
maintenance 정비
major 대규모의
major exploitation 대규모 전과확대
major operation 주력작전
make the best use of ~을 최대한 이용하다
maneuver 기동
maneuver and fire 기동과 화력
maneuver force 기동부대
maneuver of enemy force 적부대의 기동
maneuver or movement 기동 혹은 이동
maneuver system 기동체계
maneuver unit 기동부대
maneuvering force 기동부대
manmade feature 인공지형지물
Marine Corps 해병대
marked advantage 현저한 이점
mass 집중
mass combat power 전투력을 집중하다
mass effect 효과를 집중하다

mass fire 화력을 집중하다

mass force 부대를 집중하다

mass the effects of combat power 전투력의 효과를 집중하다

mass, surprise, and economy of force 집중, 기습 및 병력절약

massed indirect and joint fire 간접 및 합동화력의 집중

massing effect 집중효과

massing of effect 효과의 집중

materiel 군수물자

maximum combat power 최대한의 전투력

maximum damage 최대의 피해

maximum latitude 최대의 자유

means 수단

means of collecting information 첩보수집수단

measures of support 지원 대책

measures 대책

meet 충족시키다

meet operational requirement 작전소요를 충족시키다

meeting engagement 조우전

METT-TC(메트 티 씨) 전술적 고려 요소

military action 군사행동

military assistance 군사적 지원

military deception 군사기만

military deception operations 군사기만작전

military decision making process(MDMP) 군사결심수립절차

military end state 군사적 최종상태

military operation 군사작전

military operations other than war(MOOTW) 전쟁이외의 군사작전

military significance 군사적 중요성

military strategy 군사전략

mine 지뢰

minimal preparation 최소한의 준비

minimum acceptable support level 최소한의 타당성 있는 지원수준

minimum force 최소한의 부대

misjudge a situation 상황을 잘못 판단하다

miss a decisive opportunity 결정적 기회를 상실하다

mission accomplishment 임무달성

mission analysis 임무분석

mission completion 임무완수

mission failure 임무실패

mission order 임무명령

mission requirement of full spectrum operations 전 영역 통합작전의 임무요구

mission requirement 임무요구

mission 임무

mission-type order 임무형 명령

mistake reconnaissance unit for the decisive operation 정찰부대를 결정적
    작전부대로 오인하다

mobile defense 기동방어

mobile force 기동부대

mobile or area defense 기동방어 혹은 지역방어

mobility 기동력

mobility and countermobility situation overlay 기동 및 대기동 상황도

mobility, agility, and combat power 기동력, 민첩성, 전투력

mobilization 동원

momentum (공격)기세

movement 이동

movement and maneuver 이동과 기동

movement control 이동통제

movement formation 이동대형

movement to contact 접적전진

moving force 이동 중인 부대

moving or temporarily halted enemy 이동 중이거나 일시적으로 정지한 적

moving target indicator 이동표적징후

multinational CSS 다국적 전투근무지원

multinational operations 다국적 작전

multinational security objective 다국적안보목표

multiple direction 여러 방향

multiple objective 다중목표

multiple penetration 복식돌파

mutual support 상호지원

[N]

narrow front 좁은 정면
national command authority(NCA) 국가통수기구
national objective 국가목표
national power 국력
national security strategy 국가안보전략
natural and manmade obstacle 인공 및 자연 장애물
natural occurrence 자연재해
nature of full spectrum operations 전 영역 작전의 속성
nature of operations 작전의 속성
nature of the mission 임무의 속성
Navy 해군
Navy component commander 해군구성군 지휘관
NBC(nuclear, biological, chemical) defense measures 화생방 방어대책
NCA 국가통수기구
needless combat 불필요한 작전
neutralization 무력화
neutralize 무력화하다
new plan 새로운 계획
next lower level of command 1차 하급부대
next phase of the campaign or major operation 차후 전역 또는 주요작전 단계
noncontiguous AO(area of operations) 비접경 작전지역
noncontiguous rear area 비접경 후방지역
nonlinear nature of operations 작전의 비선형적 속성
nonlinear offensive operations 비선형 공격작전
nonmilitary factor 비군사 요소

[O]

object of deterrence 억제의 대상
objective 목표

objective and means 목표와 수단

objective and mission 목표와 임무

objective area 목표지역

objectives identified 식별된 목표

observation and attack 관측과 공격

observation and fields of fire 관측과 사계

observing an area 어떤 지역을 관찰하다

obstacle 장애물

obstacle and movement 장애물 및 이동

obstacle building 장애물 구축

occupies terrain 지형을 점령하다

occupy the objective 목표를 점령하다

occupy 점령하다

offense 공격

offense and defense 공격과 방어

offensive 공세적

offensive action 공세행동

offensive and defensive operations 공격 및 방어작전

offensive campaign 공세적 전역

offensive depth 공격종심

offensive IO 공세적 정보작전

offensive land operations 공세적 지상작전

offensive naval operations 공세적 해군작전

offensive operation 공격작전

offensive spirit 공격정신

offensive, defensive, and delaying action 공격·방어·지연전

offensive, defensive, stability, and support operations 공격, 방어, 평화정착 및
지원작전

offensive, stability, and support operations 공격·안정화·지원작전

on-order and be-prepared mission 명령으로 준비된 임무

OPCON(앞콘) 작전통제

open hostility 공개적인 적대행위

operation 작전

operation Chromite 크로마이트 작전

Operation Desert Storm 사막의 폭풍작전(미국의 이라크 공격작전 명칭)

operation is at risk 작전이 위험에 처하다

Operation 'Just Cause' 미국의 파나마 침공 작전

operational adjustment 작전조정

operational advantage 작전적 이점

operational agility 작전적 민첩성

operational and CSS planning 작전계획과 전투근무지원계획

operational and tactical commander 작전술 및 전술제대 지휘관

operational and tactical level 작전적ㆍ전술적 수준

operational and tactical success 작전적ㆍ전술적 성공

operational and tactical surprise 작전적ㆍ전술적 기습

operational and tactical value 작전적ㆍ전술적 가치

operational art 작전술

operational command 작전지휘

operational commander 작전술제대 지휘관

operational commander's objective 작전술제대 지휘관의 목표

operational context 작전술의 맥락

operational control(OPCON) 작전통제

operational design 작전구상

operational focus 작전중점

operational framework 작전구조

operational goal 작전목적

operational initiative 작전적 주도권

operational level 작전적 수준

operational mission 작전임무

operational or strategic victory 작전적 혹은 전략적 승리

operational priorities 작전의 우선순위

operational purposes and tempo 작전목적과 속도

operational reach 작전범위

operational requirement 작전소요

operational 작전적

operational-level 작전적 수준

operational-level commander 작전술제대 지휘관

operational-level headquarters 작전제대 본부

operations 작전

operations conduct 수행하다

operations in rear area 후방지역작전

operations security(OPSEC, 앞섹) 작전보안

opponent 상대방

opposing force(OPFOR, 앞포어) 상대방(대항군)

opposing maneuver force 적대적인 기동부대

optimum situation 최적의 상황

order 명령

organization 편성

organize defense 방어 편성을 하다

organized defense 조직적 방어

organized movement 조직적인 이동

other service 타 군

outcome of an attack 공격의 결과

outpace 능가하다

outright surprise 완전한 기습

overall operation 전반적 작전

overwatch 감시하다

overwhelm 압도하다

overwhelm enemy 적을 압도하다

overwhelming combat power 압도적 전투력

overwhelming fire 압도적 화력

overwhelming force 압도적 부대

[P]

panic 공황

paramilitary force 준 군사부대

passage of line 초월작전

patrol 정찰(하다)

penetrate barrier and defense 장애물과 방어(진지)를 돌파하다

penetration 돌파

perception of adversary 적대세력의 인식

perception of the situation 상황인식

performance of support function 지원기능 수행

personnel and materiel losse 인적·물적 손실

phase 단계

physical and mental effort 물리적·정신적 노력

physical isolation 물리적 고립

physical means 물리적 수단

physical strength 물리적 힘(유형 전투력)

PIR(primary information requirement) 우선정보요구

place force 부대를 배치하다

plan 계획

plan and execute 계획하고 시행하다

plan and order 계획과 명령

plan, prepare, and execute the decisive operation 결정적작전을 계획하고
　준비하고 실행하다

planned fire 계획화력

planned operation 계획된 작전

planned withdrawal 계획된 철수

planning 계획

planning guidance 계획지침

planning or preparing to attack 공격계획 혹은 준비

plans and order 계획 및 명령

platform 자산

pocket 적의 점접령 하에 있는 고립지대

policy 정책

political ends 정치적 목적

position 진지

position force 부대를 배치하다

position of advantage 유리한 위치

possible threat 가능한 위협

posture 태세

potential adversary 잠재적 적국

POW(prisoner of war) 전쟁포로

power projection 세력투사

precede 선행하다

precision munition 정밀 군수지원

prediction 예측

preempt enemy action 적 행동을 사전에 제압하다

preoccupy 선점하다

preparation 준비

preparation for attack 공격준비

preparation in depth 종심 깊은 준비

preparations and movement 준비 및 이동

preparing, and executing 준비 및 실시

pre-positioned deployment 사전배치 전개

preserve combat power 전투력을 보존하다

preserve the force 부대를 보존하다

pressure on the enemy 적에 대한 압박

primary goal 주 목적

principle of objective 목표의 원칙

principle of war 전쟁원칙

priorities of support 지원 우선순위

prioritize and allocate resource 자원사용의 우선순위를 정하고 할당하다

priority 우선순위

priority intelligence requirements(PIR) 우선정보요구

priority of fire 화력의 우선순위

prisoner 포로

procedure 절차

process 처리하다

process information 첩보를 처리하다

produce effect 영향을 주다

producing intelligence 정보생산

production base 생산기지

prompt 자극하다

prompt, flexible response 신속하고 융통성 있는 대응

pronounced 뚜렷한

proper timing 적시성

protect force and facility 부대와 시설을 방호하다

protect the force 부대를 방호하다
protection 방호
provide security 경계를 제공하다
psychological effect 심리적 효과
psychological shock 심리적 충격
psychological stress 심리적 긴장
public affair 공보업무
purpose and time 목적과 시간
purpose defined 정의된 (작전)목적
purpose of the operation 작전목적
purpose of the overall operation 전반적인 작전목적
pursued enemy force 추격 받는 적 부대
pursuit 추격

[Q]

quick decision 신속한 결심

[R]

raid 기습
range of Army operations 지상작전 범위
range of enemy influence 적 영향범위
range of military operations 군사작전의 범위
rapid dissemination 신속한 전파
rapid movement 신속한 이동
rate of military action 군사행동의 속도
real—time surveillance platform 실시간 감시자산
rear area force protection 후방지역부대방호
rear area 후방지역
rear boundary forward 후방전투지경선 전방
rear boundary 후방전투지경선
reassemble 재집결하다
receipt of a mission 임무수령

reconnaissance element 정찰부대

reconnaissance mission 정찰임무

reconnaissance unit 정찰부대

reconnaissance 수색정찰

reconstitute a reserve 예비대의 전투력을 복원하다

reconstitute 전투력을 복원하다

reconstitution 전투력 복원

regain the initiative 주도권을 회복하다

rehearsal 예행연습

rehearse 예행연습을 하다

reinforce 보강하다; 증원하다

relative combat power 상대적 전투력

reliable relevant information 신뢰할 만한 관련 첩보

relocate unit 부대를 재배치하다

replacement center 보충대

rescue 구조(하다)

reserve 예비(대)

reserve force 예비대

resistance 저항

resource 자원

resources and priority 자원 및 우선순위

responsive force 대응부대

responsiveness 반응성

retain 유지하다

retain ground 지역을 확보하다

retain terrain 지형을 확보하다

retain the initiative 주도권을 유지하다

retention 유지

retirement 철퇴

retiring unit 철퇴부대

retrograde operations 후퇴작전

retrograde 후퇴

risk management 위기관리

rout 전투이탈; 도망(패주)

[S]

save the live of soldier 병력의 생명을 구하다

scheme of maneuver 기동계획

scope and scale 범위과 규모

scope of operations 작전범위

sea control operations 해상통제작전

sea route 해로

search and attack 탐색 및 공격

secure 확보하다

secure area 안전지대

security 경계

security and reconnaissance force 경계 및 정찰부대

security force 경계부대

security operations 경계작전

seize 탈취하다

seize a decisive point 결정적 지점을 탈취하다

seize and maintain the initiative 주도권을 장악하고 유지하다

seize and secure terrain 지형을 탈취하고 확보하다

seize objective 목표를 탈취하다

seize or retain ground 지역을 탈취 혹은 확보하다

seize terrain 지형을 탈취하다

seize the initiative 주도권을 장악하다

seizing terrain 지형 탈취

seizing, retaining, and exploiting the initiative 주도권 장악, 확보 및 탈취

seizure 장악

self−contained covering force 단독작전이 가능한 엄호부대

self−contained force 단독작전이 가능한 부대

self−defense 자체방어

senior commander 상급제대 지휘관

senior tactical commander 전술제대 상급지휘관

sense of security 경계심

sensor 감시장비

separate element 독립부대

sequel 후속작전

sequence of operations 순차작전

sequentially 연속적으로

service 군(육·해·공군)

service component command 육·해공·군 구성군 사령부

service support arms 전투근무지원 부대

shape intent 의도를 형성하다

shape the environment 상황을 조성하다

shaping and decisive operations 여건조성작전과 결정적작전

shaping operations 여건조성작전

shaping operations in the offense 공격에서의 여건조성작전

shift 전환하다

shifting to the offense 공격으로 전환

shortfall 부족

shoulders 견부

sign of defeat 패배의 징후

simplicity 간명성

simultaneous and sequential operations 동시적·순차적 작전

simultaneous attack 동시공격

simultaneous operations 동시작전

single commander 단일 지휘관

single envelopment 단일포위

single or multiple lines of operation 단일 혹은 다수의 작전선

single purpose 단일목적

single set of position 단일진지

single-phased operations 단일단계 작전

situation 상황

situational understanding 상황파악

small element 소규모 부대

small enemy force 소규모 적 부대

small unit 소부대

small unit leader 소부대 지휘자(관)

small unit operations 소부대 작전

small, mobile reserve 소규모 기동방어

smoke generation 연막생성

soldier 병력

space for maneuver 기동공간(=maneuver space)

spearhead 선두부대

special operations force(SOF) 특수작전부대

speed 속도

spoiling attack 파쇄공격

spotting enemy or friendly situation 적 및 아군상황을 식별하다

spread of disease 질병 확산

stability operations 안정화작전

stability operations and support operations 안정화작전 및 지원작전

stability task 안정화 과업

staff 참모

staff and subordinate 참모와 예하부대(부하)

staff estimate 참모판단

stage of an attack 공격단계

standing operating procedure(SOP) 부대예규

statement 전술

static position 고정진지

stealth 은밀한 행동

store 저장하다

strategic and operational effect 전략적·작전적 효과

strategic direction 전략지시

strategic goal 전략적 목적

strategic level 전략적 수준

strategic line of communication 전략적 병참선

strategic means 전략적 수단

strategic objective 전략적 목표

strategic responsiveness and tactical agility of Army force 지상군의 전략적
　　대응성과 전술적 민첩성

strategic sealift 전략적 해상수송

strategic, operational and tactical 전략적, 작전적, 전술적

strategy 전략

strength 강점

strike 타격(하다)

strike target 목표를 타격하다

strike the enemy 적을 타격하다

striking force 타격부대

strong point 거점

subordinate 예하부대(부하)

subordinate command 예하 사령부

subordinate commander 예하 지휘관

subordinate deep, close, and rear areas 예하부대의 종심, 근접, 후방지역

subordinate element 예하부대

subordinate force 예하부대

subordinate initiative 예하부대 주도권

subordinate unit 예하부대

subordinates's rear boundary 예하부대의 후방전투지경선

subsequent operations 차후작전

subunified command 예하 통합군 사령부

subunified commander 예하 통합군 지휘관

successful attack 성공적인 공격

successful operations 성공적인 작전

succession of power 권력승계

suit the situation 상황에 적합하다

superiority 우세

supplementary position 보조진지

supply 보급

supply operations 보급운영

support 지원

support base location 지원기지의 위치

support function 지원기능

support operations 지원작전

support relationship 지원관계

support requirement 지원소요

supported and supporting relationships 피지원 및 지원관계

supported and supporting unit 피지원부대와 지원부대

supported commander 피지원 지휘관

supported force 피지원부대(↔지원부대 supporting force)

supporting arms 전투지원부대

supporting distance 지원거리

supporting force 지원부대

supporting range 지원범위

surprise 기습

surprise, interference, sabotage, annoyance 기습, 방해, 파괴, 훼방

surrender 항복

surrender or flight 항복 혹은 도주

surrender the initiative 주도권을 포기하다

surveillance 감시

surveillance and reconnaissance operations 감시 및 정찰작전

surveillance and warning system 감시 및 경고체계

survivability 생존성

survivability measures 생존성 대책

sustain 지속 유지하다

sustain momentum 기세를 유지하다

sustainability 지속성

sustained land operations 지속적인 지상작전

sustaining operations 전투력지속작전

sustainment 전투지속능력

sustains the attack's momentum 공격의 기세를 유지하다

synchronization 동시통합

synchronization of the CSS plan 전투근무지원계획의 동시통합

synchronize maneuver and firepower 기동과 화력을 동시통합하다

synchronize the BOS 전장운영체계를 동시화하고 통합하다

synchronize 동시통합하다

synchronized 동시통합된

synchronizing and integrating 동시화 및 통합

system capability 체계능력

[T]

TACON(테이콘) 전술통제

tactical 전술적

tactical action 전술적 행동

tactical advantage 전술적 이점

tactical agility 전술적 민첩성

tactical and operational levels of war 전술적·작전적 수준의 전쟁

tactical and operational objective 전술적 작전적 목표

tactical and operational success 전술적 및 작전적 성공

tactical commander 전술제대 지휘관

tactical control(TACON) 전술통제

tactical echelon 전술적 제대

tactical employment of force 전술적 부대 운용

tactical level 전술적 수준

tactical operations 전술작전

tactical opportunity 전술적 기회

tactical reserve 전술적 예비

tactical road march 전술도보행군

tactical situation 전술적 상황

tactical success 전술적 성공

tactical surprise 전술적 기습

tactics 전술

take action 행동을 취하다

take advantage of tactical opportunity 전술적 기회를 이용하다

take immediate action 즉각 행동을 취하다

take immediate advantage of any opportunity 즉각적으로 기회를 이용하다

take measure 대책을 강구하다

take risk 위험을 감수하다

taking aggressive action 공세행동을 취하다

target acquisition data 표적획득 제원

target acquisition 표적획득

target development 표적계획

targeting 타격

task 과업

task and purpose 과업과 목적

task assigned by the higher headquarters 상급사령부에 의해 부여된 과업

task assigned 부여된 과업

task organize 전투편성하다

technical specialty 기술적 전문성

tempo 작전속도

tempo of an operation 작전속도

tempo of enemy's operations 적의 작전속도

tempo of offensive operations 공격작전의 속도

tempo of the fight 전투속도

tempo of the overall operation 전반적인 작전속도

terrain 지형

terrain and facility 지형 및 시설

terrain and weather 지형 및 기상

terrain in depth 종심지형

terrain management 지형관리

terrain objective 지형목표

territory 영토

the 1st Cavalry Division 제1기갑 수색사단

the factor of METT-TC (메트 티 씨 요소) 전술적 고려 요소

the lowest practical level 최하 실무 제대

the most likely enemy course of action 가능성 있는 적 방책

theater 전구

theater aerospace asset 전구 항공자산

theater campaign 전구 전략

theater end state 전구 최종상태

theater of war 전쟁 전구

theater strategic planning 전구전략기획

theater strategy 전구전략

theater-level 전구수준

theater-wide operations 전구규모작전

thorough planning 철저한 계획

thorough preparation 철저한 준비

thorough understanding 철저한 이해

threat of asymmetric action 비대칭 작전의 위협

threat of large loss 대량 손실 위협

throughout the operation 작전전반에 걸쳐

time available specified 세부 가용시간

time available 가용시간

timely 적시적인

timely CSS information 적시적인 전투근무지원 첩보

timely decision 적시적인 결심

timely situational understanding 적시적인 상황파악

timely withdrawal 적시적 철수

trained and disciplined force 훈련되고 군기가 있는 부대

transition 이양하다

transition to other operations 타 작전으로 전환

transition to the offensive 공격으로 전환하다

transitions to another operation 타 작전으로 전환하다

transport 수송

troop 부대

troop and support available 가용부대 및 지원

troop and vehicle 부대와 차량

troop movement 부대이동

turning movement 우회기동

type of defense 방어작전의 유형

type of defensive operation 방어작전의 형태

type of operation 작전유형

types of defense 방어의 형태

[U]

uncertainty 불확실성

uncommitted force 투입되지 않은 부대

undesirable condition 불리한 조건

undetected movement 은밀한 이동

unexpected development 예기치 않은 상황전개

unexpected direction 예상치 못한 방향

unexpected strike 강력하며 예기치 않은 타격

unexpected success 예상치 못한 성공

unfavorable position 불리한 위치

unfavorable terrain 불리한 지형

unify action 작전을 통합하다

unit 부대

unit movement 부대이동

unit size 부대규모

units in the rear area 후방지역부대

unity of action 행동을 통합하다

unity of command 지휘의 통일

unity of effort 노력의 통일

unmanned aerial vehicles(UAV) 무인항공기

unrest 불안정

updated intelligence 최신화 된 정보

US Central Command(USCENTCOM) 미 중부사령부

use of limited resource 제한된 자원의 사용

[V]

validate 유효화하다

vary by situation 상황에 따라 다양하다

versatility 다재다능성

vertical envelopment(air assault or airborne operation) 수직포위(공중강습 혹은 공정작전)

VII Corps 7군단

violence 파괴력(맹렬함)

visualize the operation 작전을 가시화하다

volume of information 다량의 정보

vulnerability of C2 system 지휘통제체계의 취약점

vulnerability 취약성

vulnerable 취약한

vulnerable spot 취약점

vulnerable to counterattack 역습에 취약한

[W]

ways, and means 방법 및 수단
weaker enemy force 약한 적 부대
weakness 약점
weapons of mass destruction(WMD) 대량살상무기
wear out equipment 장비를 마모시키다
weather 기상
well-equipped unit 좋은 장비를 갖춘 부대
wide front 광정면
wide-area and focused surveillance 광역감시 및 집중감시
widen penetration 확장된 돌파구
will 의지
will of enemy 적 의지
will to fight 전투의지
will to resist 저항의지
withdraw 철수
withdrawal 철수
withdrawal plan 철수계획
withdrawal route 철수로
withdrawing force 철수부대
withdrawing unit 철수부대
WMD(weapons of mass destruction) 대량살상무기
world war Ⅰ 제1차 세계대전

저자약력

김정필

육군사관학교 졸업
Central Michigan University(행정학 석사)
고려대학교(행정학 박사)
US Army Command and General Staff College 졸업
육군 대령 예편
국방부 국제정책관실 국방협력관
한미연합사 전략커뮤니케이션(SC) 처장
美 중부사(USCENTCOM) 동맹군협조단장
美 합동전력사(USJFCOM) 합동훈련 계획장교
보병 연대장, 대대장, 중대장 등 지휘관
육군사관학교 영어과 교수

現 국방대학교 국제평화활동센터 교수

군사영어로 배우는 작전

초판 발행	2020년 7월 30일
지은이	김정필
펴낸이	안종만 · 안상준
편 집	우석진
기획/마케팅	이영조
표지디자인	벤스토리
제 작	우인도 · 고철민
펴낸곳	(주)**박영사**
	서울특별시 종로구 새문안로3길 36, 1601
	등록 1959. 3. 11. 제300-1959-1호(倫)
전 화	02)733-6771
f a x	02)736-4818
e-mail	pys@pybook.co.kr
homepage	www.pybook.co.kr
ISBN	979-11-303-1046-6 93390

* 파본은 구입하신 곳에서 교환해 드립니다. 본서의 무단복제행위를 금합니다.
* 저자와 협의하여 인지첩부를 생략합니다.

정 가 20,000원